如·何·掌·控·人·生

刻意成长

今日头条超人气
签约作者@瑞希
孙瑞希 著

GROW UP

中国友谊出版公司

图书在版编目（CIP）数据

刻意成长 / 孙瑞希著 . -- 北京：中国友谊出版公司，2020.4

ISBN 978-7-5057-4875-0

Ⅰ.①刻… Ⅱ.①孙… Ⅲ.①人生哲学－通俗读物 Ⅳ.① B821-49

中国版本图书馆 CIP 数据核字 (2020) 第 037563 号

书名	刻意成长
作者	孙瑞希
出版	中国友谊出版公司
发行	中国友谊出版公司
经销	新华书店
印刷	天津中印联印务有限公司
规格	880×1230 毫米　32 开
	8 印张　156 千字
版次	2020 年 4 月第 1 版
印次	2020 年 4 月第 1 次印刷
书号	ISBN 978-7-5057-4875-0
定价	46.80 元
地址	北京市朝阳区西坝河南里 17 号楼
邮编	100028
电话	(010) 64678009

序

16年前，我在一家互联网公司做办公室文员。每天的工作非常枯燥、琐碎：打字复印、端茶倒水、跑腿打杂……我一边享受着稳定的低工资，一边纠结于要在这种程式化的职业生涯中忍受着无趣和职业路径窄化带来的痛苦。焦虑、迷茫是那时的常态。

14年前，我还在职场"试错"，幸运的是，我顺利地通过了中国注册人力资源管理师的认证考试，从此一头扎进人力资源管理领域，并很快获得升迁。从此，不安分的我开始在职场"闪转腾挪"。

我曾经尝试兼职为汽车销售、机电设备制造、环保设备生产、互联网等行业的企业做顾问和培训服务，最终跨行业"空降"至一家建筑施工企业集团做人力资源部经理。虽然每份工作都得到了客户和老板的认可，也赚了一些钱，但是这样的"闪转腾挪"并没有让我找到"心向往之"的价值感。直到2010年末，我辞职并开始准备创业。此间，从做B端市场的人力资源管理咨询到"all in"切入生涯咨询领域，我经历了很多波折。好在，一切都有迹可循。

回顾我的从业经历：2005年开始接触生涯规划这个领域，那时我因为考注册人力资源管理师的认证，非常系统地学习了职业生涯规划的内容。2009年，我与国内某顶级管理咨询集团合作过生涯规划项目。那年，是我首次将生涯规划在集团化企业全面落地的一年。

但是，企业端人力资源从业者的生涯视角与C端生涯咨询的视角是不同的，甚至有时是相反的。我做了大量的C端生涯咨询个案，2018年春，我在国家级科技企业孵化器组建了工作室，开始积极探索生涯规划的商业模式，并取得了不错的成效。

我想，我们中间的大部分人，都曾经历过理想与现实的碰撞。时代的变化让我们看到了越来越多的生活方式和成长路径，我们开始把关注的目光从生存转向了发展，转向了如何活出更精彩的自己。

但同时，现实的压力也越来越大：经济形势的下行、高昂的房价、白热化的竞争、日益增长的生活成本……在拼尽全力谋生的日子里，人们还要面对未来的种种不确定性。在这样的趋势中，人们不想被框定在自己的格局里无计可施。我们如何才能够拨开迷雾，突破视野的局限、认知的局限，找到更多的看问题的视角呢？

我想从下面这个故事开始，就叫它"明明和白白的故事"吧！

有两个刚参加工作的年轻人，明明和白白，与他们的名字相反，他们并没有活得明明白白，而是对工作感到迷茫。

有一天，明明遇到了一位高人，那位高人告诉他："不去尝试，你怎么知道自己到底喜欢什么呢？"明明听后觉得很有道理，于是开始频繁地跳槽，希望找到自己喜欢的工作。白白也遇到了一位高人，高人告诉他："不规划的人生就是张草图。"高人为白白做了人生规划，白白乐颠颠地按照这张"人生蓝图"一步步去践行。

多年后，明明尝试了无数个岗位也没有找到自己喜欢的工作，由于在每个岗位上都没有深厚的积累，他只能在基层徘徊，拿着低薪，干着重复性的工作。白白一板一眼地按照高人规划的"蓝图"前行，期间也遇到了不少好机会，但都被他放弃了，理由是蓝图上没有。时代的变化让白白所在的行业日暮西山，高人规划的蓝图一成不变，白白就按部就班，慢慢地，他感觉自己已经跟不上时代的脚步。

明明应该想到：试错是一个好方法，但漫无目的的试错就是"笨方法"。试错有风险，行动需技巧。

白白应该想到：规划固然重要，但更重要的是审时度势，要根据实际情况的变化不断地优化和修正自己的规划。

其实，除了试错和规划外，我们还有更好的人生策略：建构。

所谓"建构"，是强调个体的主动性，认为人生的发展是个体基于原有知识经验，并在与社会环境的互动中不断复盘、优化、迭代的生命历程。这种"建构"的策略，能够让人们在复杂的变局中，以低成本的方式拥抱风险，对冲重大不确定性，在变局中破局。

这也就是本书的主旨所在——在快速发展、复杂多变的时代，刻意成长。

在接下来的内容中，集中了以下常见的人生发展问题：

- 在快速发展变化的时代，成功的秘密是什么？
- 如何看待坚持与放弃？
- 小人物的生存法则是什么？
- 人生逆袭需要哪些关键能力？
- 不喜欢现在的工作怎么办？
- 如何消除人生选择时的纠结？
- 如何正确看待人生的"舒适区"？
- 开展副业的正确"姿势"是什么？
- 兴趣爱好和职业在什么情况下可以两全？
- 为什么不能凭"喜欢"去选择一份工作？
- 裸辞去过"间隔年"值不值得？
- 怎样才能把控风险，实现低成本试错？

……

对于上述问题，我在这本书的相关章节里，都附上了对应的解题策略。由于眼界所限，难免会有不足。你可以从后往前看，也可以从前往后看，选择那些你关注的话题读下去，看看在复杂多变的时代，怎样才能确定地生活！

孙瑞希

2019 年 12 月 3 日于长春

目 录
CONTENTS

Chapter 1
时间管理：关注值得做的事情

1.1 成功的秘密是"战略性放弃" / 003

1.2 怎样判断一件事情是否值得坚持 / 010

1.3 你必须有时间成长，而不是无休止地工作 / 015

1.4 量出为入，用未来的目标决定今天的行动 / 022

1.5 如何想到又能做到，让事情有始有终 / 030

Chapter 2
成长工具：重塑能力体系

2.1 最笨的努力，就是没有成果的瞎忙 / 039

2.2 三个方法，跳出"人际互惠"的怪圈 / 046

2.3　正确发挥创造力，为你的创意找到受众 / 052

2.4　培养完成力，成为解决复杂问题的高手 / 059

2.5　细节重塑影响力，实现人生的完美逆袭 / 067

Chapter 3
突破困局：有效应对不确定

3.1　在复杂系统里，步子别迈得太大 / 075

3.2　你的决策水平，决定你能走多远 / 081

3.3　面对冲突，除了逃避和对抗还有什么选择 / 087

3.4　80% 以上的纠结，都可以通过恰当的归因消除 / 094

3.5　不要把时间浪费在苛求完美上 / 102

Chapter 4
优势升级：走上高手之路

4.1　指数时代，趋势判断思维有多重要 / 111

4.2　为什么不要随意跳出舒适区 / 118

4.3　内向者，怎样才能脱颖而出 / 124

4.4 动态博弈，你能为自己争取多少利益 / 130

4.5 最高级的稳定，是拥有复盘能力 / 136

Chapter 5
兴趣变现：让有趣的生命扑面而来

5.1 兴趣比你会说话，找到成长的突破点 / 145

5.2 与"伪兴趣"相伴，才是人生最大的遗憾 / 150

5.3 你的能力要配得上你的梦想 / 157

5.4 做好手头的事，还是追寻想做的事 / 163

5.5 "兴趣变现"，你踩准了吗 / 168

Chapter 6
明确选择：给生活来点定见

6.1 为什么你总是不知道自己要什么 / 175

6.2 只有工作可爱了，生活才会可爱 / 182

6.3 撕开"间隔年"的面纱 / 188

6.4 选择大于努力，又是什么决定了选择 / 195

6.5 学会拒绝，是一种智慧 / 202

Chapter 7
接受不完美：不完美才是真人生

7.1　你可以拥有一切，但不能同时 / 211

7.2　真正的高手，都懂得"最大可承受成本"的重要性 / 219

7.3　努力要常态化 / 225

7.4　为什么能力比你差的人，挣得却比你多 / 230

7.5　试错是最聪明的笨办法 / 238

Chapter 1
时间管理：关注值得做的事情

1.1 成功的秘密是"战略性放弃"

英国首相丘吉尔在二战期间留下一句名言:"永远、永远、永远不要放弃任何事情,不论大小、广博或琐碎。"这种做事执着、永不言弃的精神在我们的成长中一直被人提倡。

不过,从经济学的视角看,有时候放弃反倒是个理性的选择。《孟子·离娄下》有句广为人知的话:"人有不为也,而后可以有为。"意思是说人的精力是有限的,只有放弃一些事情,缩小目标,才能在别的事情上做出成绩来。用今天的话来讲,叫"战略性放弃"。

有时候"放弃"才是理性的选择

"战略性放弃"是怎么回事呢?看看下面这个故事:

2009年,我"空降"到一家建筑施工企业集团做人力资源经理。那时,新公司刚刚结束与上海一家管理咨询公司的项目合作。其中,人力资源板块涉及的咨询项目有战略、绩效和薪酬。我最重要的一项工作任务就是将这些项目在集团内部落地并优化。

我在之前的职业生涯里，一直顺风顺水。所以对于这项工作我充满信心。但现实却狠狠地打了我一巴掌：无论我多么努力，都没能阻止人力资源部的各项业务陷入一团糟的状态，我累死累活，焦虑得像热锅上的蚂蚁。

迫不得已，我给一位相交不深的就职于深圳一家管理咨询公司的前辈打电话，向她求救，希望前辈能给我一点建议。

幸运的是，那位前辈对我印象很好，乐意为我指点迷津。在听我描述完问题之后，前辈沉默了一会儿，她询问我所在公司人力资源部的人员配置、各自职责及我对他们的评价。

最后，那位前辈告诉我，把人力资源部的副经理C某边缘化；晋升业务骨干Z某；为避免Z某"一股独大"，重点培养管培生L某；为避免C某在边缘化过程中可能出现的敌对情绪及工作疏漏，可调整Q某的工作内容，让其与C某搭班子。将关键岗位的工作分配好，其他岗位按部就班就可以。

我听完了犹豫不决，问前辈："对于这次的人力资源咨询项目，您有哪些具体建议呢？"

前辈告诉我："那些都是术的东西，你要学会抓关键、抓重点，别在细枝末节上浪费时间。把合适的人安排到合适的位置上，很多难题就迎刃而解了。"

我按照前辈的建议，争取到老板的支持，重新调整了人力资源部的权力布局和任务分配，很快，工作就理顺了。

之后，新的人力资源管理体系开始在集团全面推行。经过不断地优化，项目在一年后取得了非常不错的成绩。上级主管部门来视察时，我做了关于人力资源变革的汇报，得到了上级领导的高度赞扬。

但这个时候，新问题又出现了。集团公司在各个事业部成立了综合办公室，同时接受集团办公室和集团人力资源部的业务指导。当时，集团公司很多业务板块处于变革调整期，所以，大家的工作任务都很重。

每周我主持召开经理办公会，发现对于人力资源部分配的工作，事业部综合办公室的负责人都列了工作清单，他们会认真地执行工作清单，但经常会有重大的工作疏漏。

我和他们重新梳理了工作清单，指导大家把清单中最重要的一项任务标注出来，每周将80%的精力和资源用在那项最重要的任务上。事后证明，这是一种非常高效的工作方法。

在任务极其繁重的情况下，这种方法能保证大家完成关键任务，即便有些小的任务没有完成，也不会对大局造成实质性影响。

这样的经历让我总结出一条有趣的规律：**有时候，放弃一些事情反而更容易成功。**

比如我一开始推行咨询项目时为什么会陷入困境？因为我仅仅是围绕项目内容做各种改进和优化，但这并不是解决问题的关键。

005

当我在前辈的指导下，放弃了改进和优化项目的想法，转而将合适的人放在关键岗位上时，这件事就迎刃而解了。

所以，很多事，我们都能做，但不是必须做。成功的关键在于围绕目标，放弃旁枝末节，找到那件必须做的事情。

"核心任务"与"二八法则"

我做一对一生涯咨询时，遇到过不少这样的来访者：想要的东西很多，并希望能一次性解决。当他们发现一份工作不能满足自己所有期待时，就纠结不已，甚至会在"十字路口"止步不前。殊不知，在资源不足的时候，有些选择只能"战略性放弃"。

如果你的人生目标是事业有成，多赚钱，那么你就要放弃对安全稳定的幻想；如果你的人生目标是像风一样自由，那么你就要放弃对大富大贵的幻想……那些在职场上有所成就的人，在决策之前，会优先考虑自己的"核心任务"，围绕着核心任务做其他事情，他们把"二八法则"运用到了极致。

"二八法则"是19世纪末20世纪初意大利经济学家帕累托发现的。他认为，在任何一组东西中，最重要的只占其中一小部分，约20%，其余80%尽管是多数，却是次要的。也就是说，对于职业成功这件事情，资源分配是不公平的，有选择地付出，才能有效获得回报。

我的客户老庄是一位事业有成的企业家，他能取得今天的财富和地位，其实是源自少数几个关键的决策。比如：刚毕业时，他放弃了文艺青年的梦想，做了销售，后来从普通销售员做到销售副总，再到自立门户开了公司；他费尽心力，集中所有资源，折腾了5年，公司终于在新加坡上市；他早年孤注一掷买的一块地皮被征用，获得了不菲的补偿款……

所以，我们可以参照"二八法则"，在我们想要做、能够做的事情中，找出最重要的20%。如果资源有限，还可以在这20%的基础上进一步缩小范围，只保留一件最重要的事。

战略性放弃不重要的事，深度聚焦重要的事，才是成功的关键。

怎样找到人生的"核心任务"

每个人所处的人生阶段不同，所以面临的人生发展任务也不同。因此，想要找到最重要的那20%，需要我们认真思考两个问题：在当下的人生阶段，你想要做的事情是什么？你能做的事情是什么？然后将这两个问题拆解成三个部分：

1. 你想要做的最重要的事情是什么？

我们想要做的事情往往很多，想钱多事少离家近；想位高权重责任轻；想高端大气上档次；想低调奢华有内涵……这时，需要从这诸多想做的事情里挑出那件最想要做的事情。什么都想，等于什么都"白想"。

2. 你能做的最重要的事情是什么？

我们能做的事情也很多，有些事情，并不是必须去做，所以我们需要认真思考：能做的事情中，哪件是核心的、是重中之重。什么都能做，等于什么都做不好。

3. 哪一件事做成，会让其他事情变得不再必要

将想做的最重要的事和能做的最重要的事放在一起比较。思考一下，在你诸多的人生期待中，你做了哪一件事后会推动其他事情的实现。即你做了这件事之后，会发现为了实现目标而要做的其他事情花费很少的精力就能完成，或者压根就没有必要去做了。

比如，我做生涯咨询时遇到过一些来访者，他们一开始对职业选择有很多诉求：工作环境要好、人际关系要和谐、薪酬待遇要高、要符合自己的兴趣爱好、工作时间要宽松等。但是当他们找到一份高薪的工作，之前的其他需求就被弱化了。频繁加班时，他们会安慰自己说：看在钱的份儿上；领导性格不好，他们会安慰自己说：看在钱的份儿上……

这说明，对于他们来讲，在当下的人生发展阶段，最重要的是"经济报酬"，只要这件事情解决了，其他的事情就变得不那么重要了。

当然，对于不同的人而言，人生发展中，最重要的事不一定是"经济报酬"，有可能是"利他助人"，有可能是"生活方式"……当我们找到了那件最重要的事情，你就不会让其他琐事阻碍你的决策。

在这个世界上,从来就没有完美的人生,都是不断权衡和取舍之后的结果。想要有所成就,你必须知道自己应该做的那件最重要的事情是什么。对于这个目标以外的事情,可以选择"战略性放弃"。

有舍有得,知道自己想放弃什么,你就拥有了超越平庸的真正力量!

1.2　怎样判断一件事情是否值得坚持

伦敦城市大学卡斯商学院组织行为学教授安德烈·史派瑟曾经探讨过为什么有时候放弃比坚持更重要。

1. 在执着于某个目标的同时，意味着你可能会忽视更好的替代方案

我老家的县城高中曾经有一个非常出名的学生，因为他连续参加8年高考。他是理科生，学习成绩不错，他的理想是考入清华大学。那会儿是先填报志愿，再参加高考，与现在刚好相反。

第一年高考填报志愿，他根据平时模拟考试成绩预估了分数，结果高考发挥不理想，成绩没过重点线，落榜，他选择了复读。第二年高考，他的成绩不错，超出重点线不少分，也接到了大学录取通知书。但他非清华大学不去，又选择了复读。

就这样，每年他的分数要么是小幅提升，要么是小幅回落。总之，他的成绩去重点院校没问题，但就是离清华大学尚有一段距离。当时高考报考有年龄限制，不能超过25周岁。到了第八年，他的分数还是老样子，这一年要是再不入学，来年他年龄超标，就没有机会报考了。

不得已，他心不甘情不愿地去了一所重点大学。而同类型的大学，他明明可以在第二次参加高考时就去读。同一个结果，他耽误了整整六年。坚持有意义的事情当然很好，但不愿放弃的人，有时候会浪费自己的才华在那些很难实现的事情上。

2. 错误的坚持，就算最后达成了目标，也可能会导致人们的不满

我做生涯咨询和职业辅导的这些年，接触过很多执拗地坚持一件事的人，无论这件事做没做成，他们通常都要面对一段糟糕的亲密关系。

苏德明（化名）是一家建筑施工企业的技术负责人，他工作认真负责，就是人际关系特别糟糕。尽管技术不错，但是由于他总是不能处理好与项目经理的关系，因此像临时工一样，几乎每年都要重新找工作。

他把工作不稳定归因于自己没有一个能"震慑"住公司的硬件，于是决定考造价工程师。备考过程十分艰苦，中间有一年为了全心迎战，他辞了职。妻子一个人赚钱养活全家，压力巨大，夫妻关系骤然紧张，矛盾不断。

但是，苏德明最终并没有考上造价工程师，反倒白白浪费了工作机会。这段经历引发的家庭矛盾，让他觉得比求职和备考还要痛苦。路走不通的时候，不是路到了尽头，而是提醒你该转弯了。有时候，无谓的死磕，不过是对生命的挥霍！

3. 如果没办法放弃那些你很看重，却不太容易实现的目标，可能还会危害身心的健康

很多事情不是坚持一把就能成功的，那些没有现实可能性或现实可能性很小的目标，会让人们在一次次挫败中身心俱疲、压力山大，严重者会造成抑郁病。

我们看到，很多坚持的背后，不过是放不下的执念。人们希望通过长期反复地自我寻找，得知内心真实的需求，但却总被这种需求束缚。

别被"沉没成本"绑架

为什么人们会被"内心真实的需求"束缚住呢？多半源自"沉没成本"。沉没成本，是指以往发生的，但与当前决策无关的费用。

当人们决定是否坚持去做一件事情的时候，不仅是看这件事对自己有没有好处，而且也看过去是不是已经在这件事情上有过投入。

也就是说，当人们在一件事情当中投入了大量时间或金钱的时候，往往就很难放弃，即便艰难，也要硬着头皮坚持下去。

因为人都不喜欢后悔，不愿意接受之前的投入被浪费。同时很多人也抱有侥幸心理，希望事情能顺着自己的愿望发展。就像在赌博中总想再玩儿一把，希望能赢把大的一样。

一旦被沉没成本拖下水，人们的关注点就会从"我要什么"转为"我不要什么"。你也许会问，这又能怎样呢？假设你投资了一个项目，运行了一段时间后发现这个项目没有盈利能力，如果你的关注点是"我要什么"，那就很简单了。我要投资赚钱，项目不盈利，最好的办法是终结投资，及时清算止损。如果你被沉没成本拖着，关注的是"我不要什么"，那就麻烦了。我不要干赔本的买卖，不能让我之前的投资打了水漂，再挺一挺，说不定能翻盘呢！这和股市上，人们宁愿账面浮亏也不愿意割肉出局一样。

被沉没成本绑架，意味着你被套牢了。

聪明地思考，笨笨地做事

20世纪80年代，日本的企业与金融机构资源大举投向房地产，以致90年代初期由于资本市场和房地产市场泡沫的破裂，日本经济骤然减速，长期停滞，被经济学家们称为"失去的20年"。

在"失去的20年"过去后，很多曾经辉煌的日本电子企业，如索尼、松下，都开始陷入经营困境。

当很多人都在讨论如何振兴这些老牌电子企业时，前谷歌日本总裁辻野晃一郎在《谷歌的断舍离》一书中指出，"日本电子企业的时代已经过去，它们如果还执迷于过去的成功体验，而对当下欧美的新技术和中国互联网产业的崛起视而不见的话，以往的成功经验将会成为这些企业的枷锁"。

辻野晃一郎认为，凡事都分两种场合，一种是"要愚笨地坚持做到最后"，另一种是"要有勇气中途放弃"。

到底是坚持还是放弃，可以通过"Why"和"How"来进行考虑。

"Why"指的是目的，就是"为什么要做这件事"；"How"指的是方法，就是"如何能达到这个目的"。

一般来说，属于"Why"的部分应该毫不动摇地、愚笨地坚持做到最后。"How"是实现"Why"的方法，一旦发现用某种方法不能实现目的，完全可以中途放弃这种方法。

这种方法不仅适用于经营企业，同样适用于人生选择。如果说人生的目标是"Why"，那么为了实现这个目标而做出的选择就属于"How"。

当我们纠结于到底是留在北上广还是回老家，到底是考研、出国还是工作，到底是去A公司还是去B公司，其本质上都是因为缺少了"Why"。只有当你明白了为什么要做这件事时，才能敏锐地觉察到应该毫不动摇坚持的东西。

1.3　你必须有时间成长，而不是无休止地工作

58同城于2019年6月13日发布了《2019年高校毕业生就业居行报告》，这份报告是对一线和新一线一共15座城市的2019届毕业生的调研。报告显示，多数毕业生选择毕业后立即找工作，对加班接受度高达93%。

为什么技术发达了，人们加班却更多了

当很多同一批进入公司的大学生已经开始独立跑市场时，佳乐（化名）有点着急了，她主动申请从轻松的行政岗调到销售岗，这意味着她主动选择了忙碌。

毕业一年的君博（化名）在一家30多人的互联网创业公司。公司提供晚饭，晚上十点以后的打车费还给报销，单身的他经常会加班到十点以后再回家。偶尔走得早，回到家他也会继续工作。

已经工作三年的王艺然（化名），已经记不得除了手机没电，自己上次关机是在什么时候。做电商运营的她不得不保持随时待命

的状态，特别是赶上各种各样的"购物节大促"，老板几乎随时在线。即便偶尔有休息的时候，她脑子里仍然想着工作上的那点事儿。

王艺然经常自嘲："我是一只呆萌的'社畜'。"（社畜是指在公司很顺从地工作，被公司当作牲畜一样使用的员工）。

1930年，英国著名经济学家凯恩斯在《我们后代在经济上的可能前景》一文中预测：假定不发生大规模的战争，没有大规模的人口增长，那么，"经济问题"将可能在100年内获得解决，或者至少是可望获得解决。

这意味着，如果我们展望未来，会发现经济问题并不是"人类的永恒问题"。在这种"多暇而丰裕"的时代，人会因为太闲，而心生忧惧。然而，凯恩斯的预言并没有实现，加班文化的盛行，让过度劳累成为蔓延全球的现象。

日本经济学家森冈孝二在《过劳时代》一书中指出：人们没有因为经济发展和技术发达而变得更轻松。

从20世纪80年代开始，很多国家进入了过劳时代。因为从那时起，世界出现了三大趋势：贸易全球化、信息化和消费主义盛行。

贸易全球化使得分工协作打破了国界的限制。这意味着雇主可以根据需求，雇用任何一个国家的员工。比如，不少知名的欧美大公司会在亚洲建立生产基地，这么做的根本原因在于当地的劳动力成本很低。这种全球化的生产布局，迫使员工在竞争压力下不得不接受高强度的工作。

以计算机为代表的信息化的发展，使工作和生活的界限越来越模糊。特别是近年来随着移动互联网的发展，很多人的工作时间被无形中延长了很多。你可能随时随地都会接到领导或客户的工作微信，很多人只要不关机，就不得不 7×24 小时在线。

生活水平的提高，带来消费主义的盛行。人们开始不再仅为满足基本生存需求而消费，还有了更高的精神追求。除此以外，炫耀式消费、攀比式消费抬头。想要满足这些消费需求，如果没有足够的存量资产（继承、父母支援等），就必须通过延长劳动时间，多付出劳动创造增量资产来购买。

说到底，科技发达了，加班变多了，不过是由于贸易全球化、信息化和消费主义盛行这三大趋势叠加所造成的不可抗力导致的。

无印良品与"不许加班"

既然加班是时代发展的趋势造成，那么把解决过劳问题寄托在劳动制度改革上就多少带点理想主义色彩。

一位参加世界五百强企业面试的同学，在被问到是否愿意接受加班时，这样回答："加班是一种态度，不加班是一种能力，能力不够时就要展现我的态度。当然，我会努力争取不加班。"

不加班是一种能力？在某些情况下的确如此。

知名自媒体人粥左罗老师曾经写过一篇文章：《废掉一个人最隐蔽的方式，是让他忙到没时间成长》。他在文中提到，他曾经对课程助理说:"你一定要控制好自己的工作节奏,不用推进得太猛,每天早点下班,周末也不用这么拼。你空出来的时间,除了休息,就是用来自我成长。"

是的,你必须有时间成长,而不是无休止地工作。

废掉一个人最隐蔽的方式就是让你觉得自己每一天都特别充实,干了很多活儿。但是一年半载过去了,却没有什么进步。

所以,你需要关注的不是加班,而是敏捷工作,即用速度解决一切的工作方法。能否用好这种方法,关系到你的工作效率和工作价值,也是你工作能力的体现。

无印良品CEO松井忠三曾经分享过这样一个故事:无印良品的员工经常工作到最后一班电车结束,周末也常常只有一天能休息。但是一直过这样的生活,不但无法提高生产力,也无法得到工作的新创意。

有一天,松井忠三提出,不让员工继续加班了。他要求每个部门都要拿出消灭加班的方案,否则就要问责部门的领导。于是,各个部门开始审视自己的工作内容,找出那些消耗了很多时间,但实际上又没有太多成效的工作,并把这些工作砍掉。一些部门甚至开发出节省工作时间的传导系统或文档模板。

这个改革实行了一段时间后,大家发现,以前10个甚至12个小时完成的工作,如果硬性要求8小时干完,也不是不能完成。无印良品曾经调查过员工的网络使用情况,发现员工25%的时间都在做和工作无关的事。

英国著名历史学家诺斯古德·帕金森在其所著的《帕金森定律》一书中曾经总结到：工作会自动占满一个人所有可用的时间。如果一个人给自己安排了充裕的时间去完成一项工作，他就会放慢节奏或者增加其他项目以便用掉所有的时间。

你可以这样理解：**完成一件工作的敏捷程度，取决于你给它分配的时间有多少。**

帕金森在书中举了一个例子：一个老太太给侄女寄张明信片可能要花上大半天时间——一小时找明信片，一小时选明信片，一小时写祝词，半小时找侄女地址，去寄明信片时还要花20分钟决定是否要带雨伞。而一个工作忙碌的年轻人可能会在上班途中花费五分钟时间顺手做这件事。

显然，年轻人比老太太更敏捷。完成很多工作也是如此，迟钝的话你可以十天半月不做决定，敏捷的话你可以一拍脑门就去做。

那些不加班的人，都做了这些事

敏捷工作的前提是简化，略去具体细节而抓住主干，具体步骤如下：

1. 建立工作的整体框架

很多职场新人，接到工作任务后，就马上热火朝天地投入其中，期望把工作干好。但往往事与愿违，要么是工作没达到领导预期，要么是工作效率不高,出现这两种情况的主要原因就是没有建立工作的整体框架。

工作的整体框架是指,在明确了工作最终要呈现什么样的成果后,分析取得这些成果需要的资源要素及限制要素,然后围绕着这些去分解工作,并按重要性为每一步的小目标排序。

在这种框架思维下,你才能真正看清楚,哪些节点是关键节点,哪些资源是必须争取的资源。当你能够整体地、关联地看待工作任务时,你的努力才能卓有成效。

2. 简化,工作不必苛求精细

你也许要问,细节决定成败,难道工作不需要追求精细吗?精细没有错,但是过分精细不等于顺利完成。在快速变化的今天,效率为先。你对工作的首要要求不是精细,而是交付。纠缠细节,会让整个工作进度受到拖累。

关于这点,扎克伯格曾经说过:"完成大于完美。"所以,让工作尽可能简化,有余力的基础上再进一步优化。

3. 限定信息容量

这里的信息容量是指为了完成某项工作任务而进行的信息输入或输出。举个例子:

假设你是某平台的签约作者,平台要求你每月完成的签约稿件数量为五篇。为了完成这项工作,你需要考虑的最重要问题是:如何能够按时交付?

在信息过载的今天，你为这项工作进行的所有信息输入都需要拨除冗余，围绕既定的工作内容考虑，什么样的信息应该被接收？什么样的信息应该被舍弃？

在做内容输出的时候也一样需要考虑，怎样在限定的篇幅内，把最重要的信息展示出来。容量不是越多越好，在限定的信息容量内，要能突出重点，找到精髓。

4. 限定决策时长

我做生涯咨询时，经常遇到面临职业转型的来访者。有人想好了利弊得失之后马上采取行动尝试转型，有人前思后想一年半载也不见动静。

为了敏捷地做出决策，你需要给每一件事限定决策时长。比如，你正在考虑是否要跳槽，你可以先给自己限定一个决策期限。在最后期限到来前，不管如何，都做出一个决定，而不是左右摇摆。

尽管在一些管理者眼中，加班被认为是工作态度积极的表现。但是，如果你能够通过敏捷工作来腾出更多时间让自己成长，你在职场上就拥有了更多的掌控感和话语权。

你可以自主地选择工作，而不是让工作来选择你。

敏捷的东西可能是最有生命力的，尽管敏捷工作可能不够完美，但是人类的很多好创意都是在敏捷快速的境况下创造出来的。

用敏捷工作代替加班，任何时候，你都不能忙到没有时间成长。毕竟，加班是一时的，成长是一辈子的。

1.4 量出为入,用未来的目标决定今天的行动

加班泛化,消费主义盛行,这让"80后""90后"身上呈现出与"60后""70后"完全不同的特点。

宁小军在《自金融》一书中提到:"80后""90后"群体具有几个显著特点:

一是受教育程度更高,受过大学教育的人数超过1.1亿人,远高于"70后"的800万人,占同龄人比例高达35%;而且受教育程度越高,消费意愿越强。

二是对未来收入和福利的预期更为乐观,无法认同父辈那种工资存银行的消费态度,而是坚信"钱是赚出来的,而不是省出来的"。

三是城市化聚集,实际上,只有23%的"80后""90后"出生于城市,但如今生活在城市的已超过60%。他们深受城市潮流文化熏陶,接受城市物质文化影响。这些特点,使得他们消费更主动、意识更超前。

每到年节商家大促,他们的购物车,不仅是线下购物车,还有线上购物车,总是满满的。信用卡的账单刚还完,就要看看花呗、借呗、白条额度够不够。

超前消费与"隐形贫困"

我的来访者小夏,是花呗的重度用户。当然,不止花呗,她还开通了两张信用卡,还有借呗、京东白条、唯品花。

小夏毕业三年,是一名技术主管,目前月入6000元。这样的收入,在小夏所在的北方小城,如果精打细算的话,还会有点结余。

小夏刚毕业时,月薪3500元。那时为了省钱,她与几个小姐妹合租一套小三居,月租金2200元,大家平摊房租。她平时很少在外面吃饭,经常自己买菜做饭,日子虽然紧紧巴巴的,但3500元也能应对日常开销。

现在薪水虽然涨了,但她总觉得自己的钱不够花。办公室女孩子多,大家难免有些攀比,谁用哪个牌子的香水,哪个牌子的口红,买了哪个牌子的衣服,大家都要品头论足一番。

小夏觉得女孩子青春短暂,穿着打扮体体面面才对得起自己,于是她开始过起了与自己的收入不大相称的生活。这样下来,每个月仅"置装费"一项就要花掉不少钱。赶上了年节假期,还要放松一下,犒劳自己去旅行,享受一下"诗和远方"。

小夏来我工作室做线下面询时,我看她化着精致的妆容,背着一款名牌包包,虽说只是入门级,但也要五六千块。临走时,她补了补妆,拿出的是一款大牌粉饼和口红。她家境普通,没有后援,工资根本支撑不了这样的生活水准,所以超支的部分就用信用卡和花呗等填补。月入六千,欠款八万,越空越花,越花越空。

小夏和很多人一样,外表光鲜亮丽,可实际上非常贫穷,用时下一个比较流行的词来形容,叫"隐形贫困人口"。他们可能会吃精致的西餐、用高档的化妆品、背名贵的包包、去各地旅游、请昂贵的私教,但是没房、没资产,只有一屁股债务。

一句话,他们是小资和赤贫的结合体。

他们努力升职加薪之后又不断升级自己的消费水平,最后发现尽管收入增加了不少,但仍然很难存下钱来。以前小夏并没有觉得"超前消费"有什么不好。反正该享受的也享受到了,自己还年轻,能力一直在增值,赚钱不是什么难题。但是当她走到了人生的十字路口,需要进行重大抉择的时候,才发现有点储蓄有多么重要。

前段时间,小夏所在的公司战略性裁员,头一天还在加班的小夏,第二天上午就接到了裁员通知,下午就要签协议走人。

一切来得迅雷不及掩耳。由于手头没有积蓄只有欠款,所以她焦虑得要死。在网上投了几份简历泥牛入海后,慌乱中她选择了朋友介绍的一份职位和薪水都不如从前的工作。她说:"没钱就顾不了长远了,先把眼前的危机应对过去,至于可心的工作,只能先放一放再说了。"

经济学上有一个概念叫作"棘轮效应"。所谓"棘轮效应"就是当一个人形成现有的消费水平之后,向上增加非常容易,向下调整却非常困难,正所谓"由俭入奢易,由奢入俭难"。

我遇到过不少像小夏一样的年轻人,由于经济上的储备不足,而没有办法从容地应对来自生活或职场中的危机。他们把本该用在个人成长上的心力，都花费在了营造虚假的"体面生活"上。

表面岁月静好，实则穷困潦倒。由于不能处理好与金钱的关系，他们坠入了"隐形贫困"的陷阱难以自拔。

在经济社会，钱的流动无处不在，一个人的金钱观也就是他的世界观，只有当我们能够处理好与钱的关系时，才能够有足够的心力与这个世界更融洽地相处。

理财思维，让财富积累出现天壤之别

两个赚钱能力差不多的人，为什么经过若干年之后，在财富的积累上会出现天壤之别呢？这里面最关键的一个因素就是理财思维的差距。

很多年轻人都信奉"攒钱不重要，挣得多才靠谱"。但是对于大多数普通人来说，如果你不能通过代际传承拥有财富的话，那么拥有财富的第一步往往是从朴素得不能再朴素的"攒钱"开始。

几千块的收入，去掉房租、吃喝费用，也许剩不下多少钱，但是当你有意识、有计划地对这些小钱进行存储时，你也就有了朴素的理财思维。它未必能让你过上多么富裕的生活，但积少成多，这笔钱或许在将来的某个关键时刻能帮到你，甚至扭转人生的走向。

你攒的不是钱，而是你的生活。

十几年前，小瑞和小慧同在北京的一家公司上班。两个姑娘都是办公室最底层的职员，薪水微薄。小瑞省吃俭用每个月能结余三五百，统统存起来。小慧的工资总是不够花，一到月底不是向家里要钱就是向同学借钱。

两年后，小瑞存了8000多。小慧嘲笑小瑞："把自己搞得那么辛苦，两年才存下这点钱，值吗？能在北京买房啊？能投资办厂啊？"

小瑞笑笑，没有理会。

小瑞花了7800元参加了一个培训，加上认证考试的400元，一共8200元，终于拿下了一个含金量很高的职业资格证书，并由此成为国家发改委下属的中国某行业协会会员，开始有机会接触更高端的群体。

后来，小瑞在一次行业大会上结识了一位企业家，被高薪挖走。小慧仍然在原来的公司上班，她经常抱怨自己的职位低、薪水低，在北京混了那么久，还只是勉强维持温饱。

有一年小瑞联系小慧，给她介绍了一份薪水和职位都比现在高的工作。由于目标公司处于初创期，不确定性比较大，所以小慧最终放弃了那个工作机会。她的理由是，自己没有存款，万一公司没做多久倒闭了，自己怎么生活呀。事实上，那家公司后来发展得不错，几年以后还在全国不少省区开了分公司。但是，随着公司的壮大，进入的门槛也高了，小慧已经没有机会了。

一晃又过了几年，到了三十二岁的光景。此时小瑞已经辞职创业两年。小慧在北京既没有攒下钱，也没有谋到太好的发展机会，就回到了老家。她的个人条件一般，就找了个条件相当的男生结了婚。有了孩子后，小两口日子过得紧巴巴，时不时地要靠信用卡救急度日。

巴菲特有一个很形象的比喻，"人生就像滚雪球，重要的是发现很湿的雪和很长的坡"。

小瑞在艰难的日子中每个月存下的三五百，成了她手中第一把"很湿的雪"，她把这些钱投资在个人成长上，就等于找到了"很长的坡"，所以后来发展得越来越好，加速度越来越快。

小慧认为女孩子要活得体面，不能太将就，她把钱全都花费在物质上，甚至超前消费。她以为那是一把"很湿的雪"，其实那只是一把很细的沙，抓在手里满满的，慢慢就从指缝溜走了。

所有的有效积累最终都会带来一个让人们惊讶的结果。即便一开始那只是一个微小的积累，但只要加上"长期"两个字，它就会带来无穷的魅力。只是大多数人都坚持不下来而已。

查理·芒格说："我们并没有处在一个猪猡也能赚钱的美好时代，竞争会变得越来越激烈，我们要思考，怎样才能成为那靠前的20%。"

对于每个人而言，我们在各个人生阶段的目标的实现，几乎都离不开财务目标的支撑。所以，当我们能够带着理财思维去看待人生时，就会站在一个投资者的角度，这时，我们对职业的感受和选择往往会有所不同。

从"量入为出"到"量出为入"

很多人的理财思维是"量入为出"。例如：每个月的收入是1万，开销7000，剩下的3000积攒下来，选择合适的理财方式增值，然后看看这笔积蓄能办多大的事儿。

这其实是用今天的收入决定未来的目标，用老话来说就是：有多大碗吃多少饭。其实更好的理财思维应该是"量出为入"，也就是站在未来看当下。根据未来的个人发展或支出目标，来倒推当下的财务目标。

例如，你希望两年后结婚。量入为出的思维方式是：我现在每个月的收入是1万元，开销7000元，结余3000元，两年后结余7.2万元；理财收入5000元；父母支援10万元，一共17.7万元。某市目前楼盘均价1万元/平方米，按首付30%计算，这些钱可以买一套60平方米的婚房。

量出为入的思维方式是：两年后我要结婚，我要买一套90平方米的婚房。按照某市目前楼盘均价1万元/平方米，首付30%计算，需要27万元。我现在每个月的收入是1万元，开销7000元，结余3000元，两年后结余7.2万元；理财收入5000元；父母支援10万元，一共17.7万元，还有9万多的缺口。我现在有哪些开支可以省下来填补缺口？我有哪些技能可以开辟副业额外赚点收入？当然，如果你的步子迈得大一些，有没有可能换一份更高薪水、更有发展的工作？

一旦你有了这样的理财思维，你就会有两个非常积极主动的选择：要么主动寻找更好的理财方式，要么主要谋求更好的职业发展机会。当你主动出击的时候，你的眼睛是雪亮的，你会像拨开云雾见青天一样，看到很多以前不曾留意的机会。

茨威格在给断头王后玛丽写的传记中，提到她早年的奢侈生活，无比感慨。他说："她那时候还太年轻，不知道所有命运赠送的礼物，早已在暗中标好了价格。"

不要觉得你可以轻易地获得光鲜的生活，那不过是过度透支的未来。

消费不会毁掉年轻人，真正毁掉年轻人的，是无穷无尽的欲望。

想要拥有一样东西，最好的方法就是让自己配得上它。天上不会掉馅饼，踏踏实实付出、认认真真成长，你才会拥有高品质的生活。

1.5 如何想到又能做到，让事情有始有终

"上班是任务，创造价值是结果"，当你这样想时，说明你已经具备了基本的结果导向思维。

我做生涯咨询时，经常会遇到30岁左右的来访者，不少来访者面临职业转型的问题。他们明明知道坚持某件事会让自己的人生发生积极的改变，但是能想到却做不到，常常下决心做出改变，却总是半途而废。

提起做事不能持续，他们普遍认为是自己的意志力不够强大。

实际上，人的意志力是有限的，带来持续改变的关键不是强大的意志力，而是你能否放大做事的价值，成为一个有结果的人。

你有没有把能力和行动转化为价值

30岁的鲁峻（化名）是某一线城市一家大型互联网公司的程序员，他参加工作已经六年有余。随着年龄的增长，鲁峻明显感到自己的精力大不如前。

他说:"甭管是明规则还是潜规则,互联网企业的996是人所共知的事情。"长期加班对体力的透支以及面对来自家庭的压力,让鲁峻感到写代码这条路走不远。他希望给自己两年的缓冲期,储备资源向管理层转型或向大数据方向转型。

鲁峻说,如果自己35岁左右还在基层职位徘徊,做不到管理层或技术专家,未来的职业发展会十分堪忧。他指出,一些企业会明里暗里地挤兑年龄大的程序员,逼迫他们离开。

谈及原因时,鲁峻表示,互联网行业竞争激烈,很多时候,公司对程序员的工作要求是"快速响应"。在这种情况下,有时候响应速度快比技术水平高占优势。

也就是说,代码质量能够保证业务正常运营实现功能就行,技术的要求反倒降低了。这就使得一些初出茅庐的年轻程序员更具竞争优势。他们的人工成本低、精力更充沛。

为了不让自己在激烈的竞争中落败,鲁峻为自己制定了详细的能力提升计划。他买了不少书籍和线上课,也参加了很多线下培训。然而,即便如此,他也没法让自己坚持得太久。他总是在书本看到中途的时候就放下,随手再抄起一本新书。那些线上课,多半只听了开头,之后他就再也没有听过。有时候,时间稍微有点赶,线下培训他就拖着。

鲁峻能拿定主意去做事,但又不可避免地无法贯彻始终。他十分痛恨自己总是不能坚持到底,他问我:"我制订了那么多好的计划,为什么总是自己打断计划,怎么能把想做的事情坚持下去呢?"

现实生活中很多人都像鲁峻一样,大部分人都知道什么是对的,并且热切地希望自己能够在工作或生活中去践行那些对的事。可是真正能够持续做下去的人少之又少,多数人都半途而废。

人们总是很难做出持久的改变,他们中断学习计划、中断年初定下的工作计划、中断减肥计划、中断戒烟计划……尽管这些计划长期坚持下去会给他们的生活带来积极的改变,但人们仍然愿意为了片刻的欢愉而中断它。

为什么你总是能想到却做不到

也许你会说:"那些不能够持久坚持一件事的人是意志力不够,没有养成良好的习惯。"但事实并非如此。研究表明,习惯只占生活和工作行为的 40%。一味强调养成好习惯,并不能改变我们行为中另外的 60%。

早些年我在一家汽车 4S 店实习时,带我的师傅告诉我:"想要成为一名销售高手就要像乔·吉拉德一样洞察人性,积极改变自己人格中的弱点。"这话说起来容易,但做起来特别困难,因为核心人格贯穿一个人的一生,很难有太大变化。

如果能做到根本性改变,就要变得像那些具有非凡意志力的人一样,激发自己对某件事情产生强烈的渴望,但这样一来,人们就需要克服改变过程中遇到的巨大的困难,所以多数人的改变都失败了。

事实上，要做出持久改变，你只需要了解持久改变背后的科学，并设计一套适合自己的行动步骤就行了。

美国畅销书作家肖恩·扬提出，人们所有的行为，无外乎以下三种：1.自动行为，即无意识做出的行为，比如不自觉地抖腿、咬指甲；2.冲动行为，就是心里知道但忍不住的行为，比如冲动消费、忍不住刷手机；3.常见行为，就是"习惯"，这是最不容易改变的一种，比如熬夜、不爱运动等。

肖恩·扬提出，有七种"心理武器"支撑着人们在生活和工作中将预定计划坚持到底，它们是：阶梯模型、社交磁力、要事为先、极度容易、行为在前、致命吸引、反复铭刻。

利用的武器越多，坚持做事直至达成目标的概率就越大。由于人们做出改变的行为不同，需要用的"武器"也不尽相同。而人们之所以总是能想到却做不到，多半是因为用错了"武器"。

让结果变得有交付价值

很多人之所以无法贯彻始终，是因为停下了该去做的事，而去做那些心里知道不对，但忍不住去做的行为。比如：放下手头的工作，逛淘宝、刷抖音；在当前工作任务没有完成时，忍不住切换到下一个工作任务中等等。这些都属于冲动行为，应对冲动行为，我们可以从"心理武器库"的"七大武器"中挑选四个：阶梯模型、极度容易、反复铭刻、致命吸引。

1. 阶梯模型

研究表明，把焦点放在小步骤上，一个人便会有更高的成功概率。简单来说，就是把你的大目标拆解成一个个步骤，一步步地完成，这就是阶梯模型。

如果一个人完全专注于自己的长期梦想，那么他很可能会因为步子迈得太大、太辛苦而放弃。因为无法很快看到结果总是会让人沮丧，人们就很容易在没达成目标时放弃了。

你可以试着设定一个需要花一个星期完成的小目标，再规划出不到两天就能完成它的步骤。只有聚焦于完成具体的可量化的小目标，才能让改变更加持久。

2. 极度容易

亚里士多德说："我们可以认为，在其他条件相同的前提下，所需假设较少的证明更为优越。"换句话说，最简单的设想往往也是最好的。因为人们总是愿意坚持做那些比较容易的事情。

如何把想做的事情变得容易呢？你可以通过控制环境、限制选择来实现。

控制环境：让环境变得更易于做某事，降低这件事的启动成本，就会让人们真的愿意去做这件事。比如，你想要坚持健身，那么健身房最好就选在离家近一点的地方。

限制选择范围：研究表明，选择太多会让人们难以做事。限制选择范围，让自己除了做这件事，没有其他选择。如果你总忍不住在工作的时候刷手机,就把手机放得远一点,这样可以控制刷手机的欲望,就这么简单。

3. 反复铭刻

你是否有过这样的经历:每天走固定的路线上班,不用刻意记住怎么走,就能到达目的地。研究发现:人类的大脑渴望高效运转,如果你反复看到、听到或闻到某种东西(哪怕你并未意识到),大脑也会存储相关信息,让你无须思考便可迅速认出它、检索它。

比如早起。我每天4点多钟起床,有个网友质疑我怎么能起得这么早。实际上一开始早起的时候真的很痛苦,需要闹钟叫醒。但是坚持一段时间后,只要时间一到,自然而然地就醒了,不需要闹钟叫醒,也不觉得痛苦。

这就是反复铭刻的力量,如果你反复地做某件事,把这件事变成习惯铭刻到大脑里,你就更容易坚持做下去。

4. 致命吸引

如果人们做某件事得到了奖励,就会继续做下去。能激励人做一次某件事的奖励是普通奖励,能让人克制不住地坚持做某件事的奖励是极具吸引力的奖励。

你该怎样把一件事情变得有吸引力,让自己不停地做下去呢?比较实用的方法是将其"游戏化"。我们知道,很多游戏通过奖励给玩家积分、徽章和金钱让这款游戏变得有吸引力。你可以在坚持做某件事的过程中有意识地给自己设定奖励,在"做正确的事"和

"获得奖励"之间建立关联。

想一想,什么奖励能让你持续地做某件事?是物质奖励吗?是他人认同吗?是成就感、价值感吗?是自我提升吗?抑或是其他?

找到了激励的锚点,也就找到了坚持下去的理由。

学习只是一个过程,学到东西才是结果。只有可交换的结果,才是有价值的。对于结果的追求程度不同,人生价值自然不同。

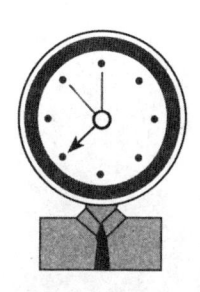

Chapter 2
成长工具：重塑能力体系

2.1　最笨的努力，就是没有成果的瞎忙

"再苦再累都不能倒下，因为身后有太多人需要照顾。"这是来访者老杨在工作室对我说得最多的一句话。

老杨是某三线城市一家私营企业的职业经理人，他跟了一个老板12年。第10年的时候，老板提拔他做了分公司总经理。但在我的工作室，老杨却满脸无奈地说："这回，必须得辞职了！"

我并不感到意外，"辞职"这个话题，老杨絮絮叨叨地说过很多次，一直是"雷声大雨点小"，没有下一步行动，但这次不同。春节过后，老板已经停发了老杨的工资，明摆着，撵人呢！

12年前，28岁的老杨追随老板打天下。他很珍惜这个工作机会，希望通过努力让家人过上好日子。老杨学历一般，能力一般，最大的优点就是人很踏实，足够努力。天分不够，努力来凑，老板很信任这个"上进好青年"。

老板有背景有资源，行事果决，公司发展迅速，很快从小工厂做成了大公司，再后来做成了集团企业。随着企业的发展，老杨也一步一步从普通员工变成了部门经理、副总经理、分公司总经理。

12年职场风雨，普通员工小杨变成了公司高管老杨，看起来这就是一部逆袭的励志剧。

但是，随着职位越升越高，老杨开始感到力不从心。无论他怎么努力，工作效率都很一般，工作成果都不大。特别是提了分公司总经理之后，独自分管一摊，压力大得透不过气来。

老板批了一个新项目给分公司，老杨带领团队没日没夜地干了两年，终于把本金亏光了。是的，没错，不但没有任何收益，还亏光了本金，于是出现了开篇的那一幕——老板逼老杨走人！

谈到动情处，老杨眼圈红了："我觉得自己挺没本事的，拼命加班加点，却做不出业绩，拿不到绩效工资，每个月凭1万块死工资养家。父亲脑血栓常年卧床，母亲年龄大护理起来很吃力，我连请护工的钱都拿不出。"

我给老杨分析，你工作足够努力，之所以不出业绩成果，不过是你在很多事情上走了弯路。没有成果的努力，都是瞎忙！

工作没有成果的人，都有这四个坏习惯

和一个客户交流，他把"努力"这件事说得很透。他说："很多人之所以成不了事，不是因为不够努力，而是因为做事没有章法，总是忙不到点子上。他们总是被自己努力的过程感动，而忽视了真正有价值的努力是要有结果产出的。"

为什么有些人做事总是有板有眼，有些人做事总是没有章法，

不出成果呢？我总结了一下经手的生涯咨询个案发现，工作没有成果的人，都有这四个坏习惯：

1. 没有确定好任务优先级

每项工作任务的价值是不同的，很多无序和混乱都是因为没有确定好任务的优先级。

以老杨为例。从普通员工到分公司总经理，一路走来，十分不易，所以对于老板分配的工作任务，他总是表现得用力过猛。他希望能够马上去做老板安排的所有的事，甚至老板随意说出的一句话，他都要揣摩半天：怎么才能领会老板的意图，把事情做得更好。

管理者要明确哪些工作是至关重要的，是首先要做好的，是撬动业绩的核心任务，然后把资源向这些任务倾斜。在面对问题时，我们要回到事情的本质，资源永远是稀缺的，不是什么事都值得去做，要用最宝贵的资源去解决最关键的任务。

2. 不擅长多任务管理

多任务管理要求在同一时段执行多项任务，并且有能力在不同工作之间快速切换注意力。很多人都有这样的感觉：同时并行多个工作任务时，越忙越乱，越乱越忙，顾此失彼。

老杨就陷入了这种怪圈。随着职位的晋升，他管的事也越来越多，很多工作任务需要同时并行。他做着A项目，想着B项目，B项目还没做完，又要看看C项目的进展。他加班加点，忙里忙外后发现，很多工作都虎头蛇尾，没有一个好结果，甚至连结果都没有。

041

心理学研究表明，当人们把注意力从一项任务转移到另一项任务时，他们的部分意识会仍旧停留在上一项任务上。每次当你把注意力切换回来时，都会提醒自己当初正在做的事情，与此同时对新任务的微弱干扰产生抵触情绪，这样就增大了你的认知负担。所以，越是任务繁多，越不能蛮干。

3. 把重要的工作延后

重要的工作往往难度比较大。所以，畏难情绪导致人们总是想方设法拖延。老杨每天都写工作任务清单，他习惯于先完成那些比较容易完成的任务，完成后打"√"。每天看着任务清单上80%的工作都打了"√"，他觉得挺有成就感，但其实最重要的那件事，他却一直在拖延。

那些80%都打了"√"的工作任务，并没有为他带来重大的业绩成果，而那件最重要最该做的事情，往往拖着拖着，就没了结果。

4. 在细节上纠缠

注重细节是好事，但管理好对"完美"的预期才是正经事。老杨以前在车间抓生产，非常关注细节，做了高管，他仍然紧盯细节，别人是"抓大放小"，他是"抓小放大"。

这种行事风格，导致他把大量的时间浪费在细节上，前瞻性明显不够，员工们也不服气。老杨很委屈，觉得自己努力工作多年，却没有一个好的结果。他不知道，真正的努力，都是需要方法论支撑的。

这种方法论的价值就在于，你的努力是自我满足还是卓有成效！

纠缠细节的人，通常都有完美主义倾向。他们对工作的确很投入，愿意把活儿打磨得更好。但正因为如此，他们往往会在某些项目上花费太多时间，而忽视了其他工作的推进。特别是在多任务管理中，纠缠细节会影响整体工作进度。

高效工作的四个秘诀，让你的努力卓有成效

工业工程学中有一个ECRS分析法，它主要用于对生产工序进行优化，以减少不必要的工序，达到更高的生产效率。这个方法不只适用于生产工序的优化，也适用于改善我们的工作方法。

简单来说，当我们想要改善一项工作时，可以有四种方法：排除（Eliminate）、合并（Combine）、重组（Rearrange）、简化（Simplify）。怎样理解这四种方法呢？下面用例子来解释：

我有个朋友老K，早年做财务出身，前些年他辞职创业，开了一家咨询公司。我们来看看老K是如何在工作中应用ECRS分析法的。

1. 排除

公司成立初期，老K凡事亲力亲为。随着业务量增加，他开始力不从心。他重新梳理了一下自己的工作内容，砍掉了很多不重要的"细枝末节"。

以招聘为例，以前老K亲自披挂上阵，面试每一个员工。现在，只有部门经理级的复试，他会把把关，其他的事情都是交给人力资

源部全权负责。

实际上,排除法是四种方法中最重要的一种。当接到工作任务时,不是马上执行,而是考虑有没有可以排除掉的步骤和环节,排除这些步骤和环节会不会影响整体工作成果。

如果这个步骤或环节的排除,并不影响整体工作成果,说明它是你工作中冗余的任务,把它排除掉有利于节约资源,提升效率。

2. 合并

老K刚创业那会儿,项目是一个一个接的,有时还连续不上,现在随着业务量的猛增,他经常要同时并行多个项目。为了提高效率,他经常会把同一行业的项目归类处理,这其实就是合并的技巧。

合并的重点是把同一类型的工作集中处理,因为这类型的工作有重复和交叉的地方,通过对这些地方进行整合,可以帮助我们节约时间,提高效率。

3. 重组

老K做咨询,经常要给客户企业出具项目咨询建议书。以前老K都是用"演绎推理",也就是从一般性的前提出发,通过推导,即"演绎",得出项目结论的过程。老K发现,有些客户面对前面大段的推理,表现得极不耐烦,所以他重新调整了汇报顺序。

建议书还是那个建议书,只是汇报的时候,他将结论前置,然后再一一进行推导,这种方法受到了客户的普遍欢迎,这就是重组。

重组就是改变工序程序，使作业的先后顺序重新组合。

4. 简化

老K有个同学，大企业出身，建议老K采用欧美企业的管理流程和方法，对企业实行规范化管理。老K研究发现，大企业的方法的确不错，但过于烦琐，不适合像他这样的小企业。

他认为，小企业重要的是"小而精，小而美"。他带领团队费了不少心思，对组织架构和工作的流程进行了简化处理。所以，过多地纠缠细节反倒会让工作变得复杂和无序。

很多人都在追求工作中一些表象的东西，以前我在朋友圈里曾经看到有人的个性签名是：努力到无能为力，拼搏到感动自己。

当然，努力和拼搏很重要，但如果总是追求这些浅层次的东西，你就很容易忽略真正重要的东西——让你的努力和拼搏卓有成效。

当你忽视了真相的时候，你的人生节奏也就乱了。人生很短，但别活得太着急，不要让你的忙碌，毫无目标和远见。

2.2 三个方法，跳出"人际互惠"的怪圈

很多人都会遇到这样的情况，刚刚进入新公司，肯定有一段适应的过程，在这个过程中，往往会被一些老员工差遣干这干那。

我们以为自己会做出明智的决策，会拒绝老员工不合理的请求，但实际上我们的大脑总是在不知不觉中听从了对方的安排。

受人恩惠，如芒在背

26岁那年，高天新（化名）从一家小公司跳槽进入一个大公司。如果不是有个好舅舅，以他的实力恐怕这辈子都没有机会进入那样的大平台。

高天新给自己定的目标是尽快适应环境，融入团队，因此要跟所有人都"相处融洽"。他甚至一度觉得自己有种春风化雨的能力，见到谁都点头微笑。

"关系户"的身份被曝光后，他马上遭到了同事们的质疑和排挤。有次临时接到投标任务，紧急制作标书，高天新负责标书中的一部分。中途领导交代一位同事，这个标不投了，通知大家先不用

做标书。其他人都接到了通知，但唯独高天新没有。

他们，似乎就等着看他这个"关系户"的笑话。他笨拙地学习着这家大企业的规章制度和工作流程，慌乱地接听着业务咨询电话。面对业务娴熟的同事们，高天新产生了巨大的挫败感和孤独感。

一个"善良"的同事齐轩（化名）主动亲近高天新。他经常扔给高天新一包茶或者一袋咖啡，然后拍拍他的肩膀说："来，兄弟，提提神。"有时，他也会在茶水间主动向高天新讲起公司盘根错节的人际关系网。

一次，和别的部门配合一个项目，有一处工作失误，那个部门的同事欺负高天新是新人，想甩锅给他，齐轩马上站出来打圆场。他称高天新为"我们部门的小兄弟"。这个称呼，让高天新感动得差点落泪，也让他打心眼儿里认同齐轩这个人。来而不往非礼也，齐轩主动向高天新示好，因此对于齐轩的要求，高天新从来不会拒绝。

一开始，齐轩偶尔会请高天新帮忙订个机票，打印个文件，后来经常把自己的工作分出来一块给高天新做。有几次齐轩需要加班，他甚至拉着高天新一起。

高天新不得不投入更多的精力去做本不属于自己的工作。他想拒绝齐轩，但是一想到齐轩对自己的帮助，就张不开嘴。

同事们背地里说他是齐轩的"小跟班"，一想到这些，他的工作热情就快被消磨殆尽，更加孤独。

心理学研究表明，人之所以会为了回报他人而做出违背本意的决策，实际上是"互惠"心理在作怪。互惠是指在社会交换过程中，一方为另一方提供帮助或给予某种资源时，后者有义务回报给予自己帮助的人。

这就很好地解释了团队成员之间态度和行为的互相影响。比如，人们会下意识地觉得，如果接受了老员工的差遣，他们会回馈更多的工作便利；如果别人给了我们好处，我们也要以另外一种好处来报答他才对。

美国亚利桑那州立大学心理学系教授罗伯特·B.西奥迪尼博士表示，"'互惠'是非常普遍的人类心理，它广泛地存在于各种各样的人类社会里，它能帮助这些社会维持平稳正常的运转"。

小心！别被"人际互惠"绑架

互惠心理是人类社会发展的基础。在社会心理学中，社会交换理论是一个解释人与人之间关系质量变化和发展的重要理论，而人与人在交换过程中遵循的互惠原则是社会交换持续产生的重要前提。

所以，互惠思维已经内化到人类的日常思维之中。人们会不自觉地答应别人的请求，希望他能为自己提供便利，也不太容易拒绝给过自己小恩小惠的人的请求。这也就很好地解释了为什么很多时候，有些事人们明明不愿意做，却总是在不断地妥协与退让。

有一年，我和一位男同事一起拜访客户。客户所在的写字楼地处繁华的商业街，出了写字楼，遇见一个小女孩，她硬塞给我一支玫瑰花，然后对我同事说："哥哥，小姐姐很漂亮，这支玫瑰花送给她！"

之后她会介绍自己家庭困难，希望我同事能为她捐助10块钱。尽管我对她那蔫巴巴的玫瑰花不感兴趣，我也知道这种送花的把戏可能是个骗局。但是，当我内心觉得自己收到了一件礼物，就不可避免地认为自己欠了她的人情，所以，我们还是掏了10块钱给她。

一枝蔫巴的玫瑰花，送给两个不是情侣的人，都可以让人乖乖掏钱，这其实就是"互惠"的影响力。我们接受了别人的好意，就会忍不住想要回报，而这种回报放在各种场景中，有时会以妥协、退让的方式呈现。

例如在职场，不少"老油条"就深谙此道。他们总是先给新人一些小恩小惠做铺垫，然后再要求新人干这干那，这些"恩惠"对人施加的压力，往往影响着人们的决策。

有些人连小恩小惠都省了，他会先向你提出一个大的工作要求，比如，他会对你说："帮我把某项工作做了。"你拒绝了他，然后他再提出一个小要求："那帮我把这份文件打印出来吧！"你一想，我刚拒绝过他，再拒绝一次不好，于是就乖乖听话帮人家打印了一份文件。

实际上，这个大要求不过是为了实现那个小要求使的障眼法而已。人们希望通过"互惠"成就彼此，但是放任它做出机械反应，就很可能变成人的弱点，使人更容易被他人摆布，从而影响人们的正确决策。如果遇到这种情况，那你就需要积极应对了。

如果你的出发点就是讨人喜欢，那将一事无成

进入一个新的环境，我们应该冷静地看待别人的善意，不要因为别人的些许善意，就对他们的所有要求都积极回应。

铁娘子撒切尔夫人曾经毫不客气地说：" 如果你的出发点就是讨人喜欢，你就得准备在任何时候、在任何事情上妥协，而你将一事无成。"

你会为了所谓的"互惠"，把刚发的工资借给别人，而自己过得捉襟见肘；你会为了讨人喜欢，帮别人承担本属于他的工作，而自己累得黯然失神……

你以为这样的恩惠，会让别人记得你的好，你投之以桃，他报你以李。但后来却发现，别人不仅不会记得你的好，反而经常忽略你。

我们之所以活得太累，是因为大家都很假。怎样才能从"互惠"的怪圈中跳出来呢？

你可以尝试下面这三个方法：

1. 问题替换

面对别人的请求，把大脑里不断冒出来的想法——"他曾经帮过我，我也要回报他"替换成三个问题：我是否愿意做这件事？对方是否对我很重要？我是否愿意满意重要的人的请求？

这三个问题能让你听到自己内心真实的声音,你大脑中那些刻板的要求就被软化了。它能够提醒你:我不需要满足所有人。

2. 延迟响应

有些人脸皮薄,不好意思直接拒绝别人的请求,这时候延迟响应是一个非常好的方法。

不主动,不拒绝,不答应。这种延迟策略,实际上等于委婉拒绝。对方就算当时没看出来,拖延一段时间后,也会明白你的用意。

3. 自我认同

当别人来寻求帮助时,很多人倾向于一口答应,因为这往往能提升个人的自我认同感。不要把自我认同的权力拱手让给别人。人们可以通过设置明确的人生目标,在践行目标的过程中体验自我的价值和社会的认同,并由此理智地看待自己。

职场就是一个名利场,它映射出"有为才有位"的价值观。关键的成长路径是你的真才实干,谁也不愿意与无能之辈为伍,你的职场地位需要实力作支撑。

不要用所谓的"互惠",去复制一个任人摆布的你。这个时代的人际关系,多是以利益和目标驱动,遇到"相见有清欢"的人并不容易。

了解了这一点,你就知道,你要做的最紧要的事不是讨好别人,而是尽快熟悉业务,打磨自己的一技之长。

2.3 正确发挥创造力，为你的创意找到受众

以色列有一家叫 Better Place 的公司，它有 1800 个服务站，主要为拥有电动汽车的用户提供更换电池服务。电动汽车有一个缺点，就是充电时间比燃油汽车加满油用的时间长很多。所以，Better Place 公司提出了一个极具颠覆性的创新方案：置换电池。

车主只要将车开进服务站，只需几分钟，就能将旧电池取下，换上新电池。公司希望通过这个创新的举措，让有环保意识的人都能够更换电动汽车。可惜的是，尽管前期做了大量的宣传，但不少汽车买家仍然不愿意做出改变。Better Place 公司售出的电动车数量无法保证公司的有效运转，开业六年后，公司被迫申请破产。

实际上，我们的生活也充斥着这样的矛盾：走得太超前，没人跟随，但是因循守旧沉溺于舒适区，又会在竞争激烈的时代中被淘汰。

为什么很多创意没有受众

苗彤（化名）是某装修公司的设计师，五年前毕业于一所普通院校的非设计类专业。她比较幸运，毕业后被同学推荐到自己亲戚

开的装修公司，一干就是五年。

一开始苗彤干的是办公室文职工作，半年后苗彤觉得办公室工作比较琐碎，技术含量不高，就跟同学提出能不能跟老板提一提，给自己转岗到设计部门，先从辅助性工作做起。

老板爽快地给苗彤转了岗，她来到设计部担任设计师的助理。苗彤的目标是：尽快适应新岗位，多学习专业知识，有朝一日向设计师的岗位冲刺。

她一面报班学习室内设计课程，一面在助理的岗位中积累经验。由于是老板亲属的同学，所以设计师们对她很友善，她进步很快。两年半后，苗彤转岗为设计师。

这本是一个让人惊喜的结果。但是，在设计师岗位工作两年后，即苗彤入职的第五年，她竟然因为"创造力太强"被辞退了。

苗彤认为自己非"科班出身"，能做到设计师很不容易，所以在工作中总是积极求变，她觉得创意、创新是设计的灵魂。这话没错，但是表现在苗彤身上，总有点"用力过猛"的味道。工作上发生了三件事，让苗彤最终栽在了创新之路上。

有一次做家装设计，客户是年轻的小两口，他们给女方父母买了套房子养老，希望装修风格能简约不简单，低调奢华有内涵，最重要的是还要省钱。

苗彤想起香奈儿经典的黑白搭，这其实是极简与奢华的最佳表达。设计图出来那天，小两口和老两口都来了。看着苗彤设计的黑白主色调，老两口气得大骂："把一个好好的新房弄成了灵堂！"看到岳父岳母发火了，女婿脸面上过不去，他就把火气撒到了苗彤身上。那次，苗彤栽了个大跟头。

还有一次，客户想要欧式装修风格，并嘱咐苗彤："一些细节上的设计可以多一点创意。"苗彤给客户设计了一个装饰性的壁炉，实际上壁炉里可以放保险柜。

但客户并不买账，他们觉得房子本来就小，壁炉浪费空间不说，家里买房装修欠了一身债，靠花呗、借呗度日，还设计个放保险柜的壁炉，太不实用了。沟通中，双方火气都有点大，最后客户狠狠地投诉了苗彤。老板警告苗彤，有创意是好事，但你的创意要让客户满意，而不是你自己满意。苗彤头点得像鸡啄米，小心应承着。

公司接了一个公装项目，效果图出来后去客户处做汇报。由于苗彤外形靓丽，口齿伶俐，老板挑了她做汇报人。PPT早已备好了，苗彤只需要按文稿汇报就可以了。为了给甲方留下深刻的印象，苗彤在汇报形式上做了"创新"，她提前收集了大量项目路演的资料，并在家里反复模拟演练。

然而，正式汇报那天，这种带着商业路演味道的项目汇报，引起了甲方的极度不适。汇报结束后，他们暗示老板：在他们这样的体制内单位汇报，中规中矩点最好。

老板告诉苗彤，**在有些场合，守正即可，无须创新。**

苗彤的创新过了火,差点惹了大祸。综合她担任设计师之后的表现,老板认为她不适合、也不能胜任这个岗位,于是做出了辞退她的决定。

尽管各项补偿一分不少,老板的态度也比较委婉,但苗彤仍然觉得很委屈,同时也感觉到害怕。离开工作五年的地方,她不知道下一步该走向何方。一直以来,她认为创造力是设计师的强大竞争力,却没有注意到创造力背后的社会环境。

创造力既要跟上时代,又不能太超脱时代

创造力只是成功的一半,成功的另一半取决于你创造出来的东西所处的社会环境。仅有创造力是不够的,它还需要与社会产生共鸣。

我的老家在东北,这里有一种独具特色的地方曲种:东北二人转。二人转距今约300年的历史,它根植于东北民间文化,通过边走边唱边舞,表现一段故事,唱词诙谐幽默。

相比之下,同时期的芭蕾舞则根植于欧洲宫廷,在法国路易十四王朝(1643-1715)时代盛极一时。每当皇家庆典、接见外国元首时,都会表演芭蕾舞以示庆祝。

但是,二人转的诙谐幽默是不可能出现在优雅高冷的芭蕾舞表演中的。为什么呢?因为人们的创造力可以无限延展,但是创造力及其产物还要由地域背景来塑造。

毕加索年轻的时候曾经贫困潦倒，一次，有人请他到巴塞罗那的红灯区给几名风尘女子画像。画的长宽都在两米多，对于当时的毕加索来说算是一份大有赚头的工作。据说这幅画仅草稿就打了700次之多，构思灵感来源于伊比利亚雕塑和非洲面具。当毕加索邀请朋友们来看这幅画时，大家对他的画作特别失望。

九年后，这幅画才被公开展出。为了减轻对公众的冲击，策展人将原来的标题《亚威农妓院》改为《亚威农少女》。《亚威农少女》展出后，舆论褒贬不一，有人甚至嘲讽毕加索"向良知宣战"。随着时代的发展，人们开始接受这幅画作。《亚威农少女》后来被认为是毕加索走向立体主义的第一步，不仅是他个人的艺术突破，更是西方现代艺术史上的一次突破。

这幅画目前藏于纽约现代艺术博物馆。毕加索的故事结局圆满，但并不是所有人都这么幸运。由于时代的发展，人们的文化品味一直在不断地变化，而你的创造力既要跟得上时代，又不能太超脱于时代。

走得太慢，要被淘汰；走得太快，没人跟随。

怎么才能正确地用好创造力

由于在特定情况下，创造力太强可能会脱离现实，造成负面影响。所以，我们可以通过以下三种方式避免创造力肆意发挥，正确地用好创造力。

1. 创造力要与文化产生共鸣

美国著名脑科学家大卫·伊格曼曾经分享过这样一个故事：作曲家捷尔吉·利盖蒂于1962年受邀为荷兰城市希尔弗瑟姆创作一支新曲，以庆祝该城市立市400周年。

利盖蒂打破常规，创造性地使用100台节拍器演奏曲子。所有节拍器都设定了相同的摆动次数，但是摆动速度却都不一样。也就是说，从头到尾，听众们听到的都是节拍器发出的嘈杂的咔嗒咔嗒声。演出结束后，台下爆发出叫骂声，听众被激怒了，他们有一种被愚弄的感觉。音乐会被下令在电视上禁播。

一座有着悠远历史的欧洲城市，一次隆重的立市庆典，它需要的是深沉厚重，而不是过度地施展创造力。创造力如果与文化背景悖逆，遭到咒骂与讨伐是不可避免的。就像前文中提到的苗彤，她用黑白搭的创意做室内设计并没有错，但她忽略了客户是传统观念极深的老两口。

所以，不要和文化背景开玩笑，也许你想做创意的"先驱"，但尺度没把握好，就成了创意的"先烈"。

2. 创造力要在正确的人群中分享

苗彤把向甲方做的汇报搞得像商业路演，引起甲方不适。为什么甲方接受不了这种汇报形式呢？因为对于甲方这种体制内单位来说，苗彤的创造力放错了地方。

创造力的延展，要考虑你的受众是谁。不要与错误的人群分享你过剩的创造力。

3．创造力要有实用性

苗彤为负债累累的小户型客户设计了可以放保险柜的装饰性壁炉，遭到了客户的嘲讽。这让我想起了多年前，我在一家门店定制的职业套裙。设计师大胆地采用了提花面料，领口和衣襟设计成小波浪形，并用薰衣草色的绸缎包边，整体看来非常精致。但是这套衣服太紧，迈不开大步。

设计师说，穿着它站起来时身材笔直。是的，设计师说的很对，但是在我一天的工作中，不只是站着这一个动作，我还要开车，还要上楼下楼，而它紧到无法利索地做出上述的动作。

对于与人们工作、生活息息相关的东西，创造力一定要向实用性低头。如果你想把一样东西商品化，不仅要抱着创造性、艺术性和美感去设计它，更要注重实用性。

创造力强并不能取代你的技术和实力，创造力强也无法预先为你写好职场必胜的脚本。惊喜和惊吓，哪个先来，没人知道。但你可以靠正确地使用创造力推进职业发展的节奏。不管你想表达的内容是什么，谨记创造力的误区，避免创造力肆意发挥。

2.4　培养完成力，成为解决复杂问题的高手

不管你喜不喜欢，我们每天都在重复着两件事：一是不断制造麻烦；二是想办法解决麻烦。工作以后，我们需要解决的麻烦事更多。例如：团队中，大家的想法各不相同，很难达成共识，没办法紧密协作；跳槽进入新公司，老板让你负责一个项目，而你对团队还不熟悉；上一个项目进展得不顺利，老板又派来了新任务……

面对这些问题时，很多人会很慌乱。他们觉得事情像一团乱麻，不知道从何处着手，于是被恐惧焦躁的情绪牵着鼻子走，结果把事情搞砸。

但是，总有那么一部分聪明的人，同样的工作量，同样的复杂程度，他们思路清晰，解决方案行之有效，最终把事情搞定。

从"搞砸"事情到"搞定"事情，这里面最根本的差别就是"完成力"，也就是解决复杂问题，完成一件事情的能力。

"对不起，我把工作搞砸了"

苏晓彤（化名）是一家教育机构的人力资源部经理，她曾有过一段沮丧的工作经历。那时，由于公司企划部经理休产假，老板需要找一个部门经理代她履行休假期间的职责。

这件事在很多同事眼里就是一个烫手山芋。因为公司上了几个新项目，企划部正在紧锣密鼓地制定整体营销策划方案。一旦接手这个工作，就意味着要从原本已经很紧张的工作中抽出宝贵的时间投入到企划部的工作部署中，而且每走一步都有项目组盯着。最重要的是，这件事干好了，业绩算在别人头上，干不好，后果自己承担。所以，没人愿意出这个风头。

有一天，老板找苏晓彤谈话，他诚恳地问道："你愿不愿意接下这副担子？"苏晓彤的脑子飞快地转着，她想起同事们私下里说："干好本职工作，别没事儿找事儿。"老板见她没吭声，又说："这事儿确实有难度，你好好考虑一下吧！"临危受命，苏晓彤责任感油然而生。她觉得作为中层干部，首要责任就是替老板分忧，把可能搞砸的事情变成能解决的问题！想到这里，她脑门子一热，接了这项工作！

苏晓彤坚定地认为，不管怎样，只要自己足够努力、用心，总会有点成果。

故事讲到这里，你认为苏晓彤一定会取得一些成绩，实现人生的逆袭吗？

抱歉，让你失望了，她没有取得巨大的成功，而是收获了巨大的失败。

是的，她把事情，搞砸了！

那是一场展览活动，算上物料、场地、展品运输费、差旅费及前期布展的各项投入，成本近20万元，而苏晓彤带领的团队，仅仅做出几万块的业绩。苏晓彤很感激老板，他把工作交给自己，即使眼睁睁地看着她把工作搞砸，还能心平气和，不加苛责，这是胸襟！但她仍然会被当作失败案例，在各种总结大会中高频出现，这让她非常沮丧。

回顾我们的职业生涯，每个人都有搞砸事情的时候，且何止一件两件。正是在这些事情中，我们不断地经历摔打和磨砺，看到更丰富的世界，看到我们的人生还有很多可能。

是的，我们搞砸了事情，但没有搞砸人生。不过，不管怎样，搞砸了工作，终归不是一件好事。搞定工作，才是我们应该追求的目标。

什么原因阻碍我们完成一件事

人类天然就有自我完善的追求，所以我们大多数人都渴望成长。我们以为只要直面困难，付出常人难以企及的努力，勇于做自己就能成功。但是在真正面对困难时，还是会遇到很多问题。

特别是随着移动互联网的发展，我们所感知的世界已经不再局限于身边熟悉的一切。太多陌生的事物进入我们的视野，甚至，我们要不断地和陌生人合作。

这种明显的差异，让我们在执行复杂任务时，经常会遇到三大困境：凝聚力困境、掌控感缺失和结存变量的干扰。如果能把它们识破，搞定一件事情并没有那么难。

1. 凝聚力困境

美国社会心理学家费斯汀格认为，"凝聚力是使团体成员停留在团体内的合力，也就是一种人际吸引力"。人们在执行复杂任务时，经常遇到"人心散了，队伍不好带了"的凝聚力困境。简单来说就是团队成员之间各持己见，没办法紧密协同工作。这种情况，很多职场人都遇到过。

例如，苏晓彤刚到企划部时明显地感觉到，论单兵作战，大家都挺优秀，但就是凝聚力差，各有各的算盘，人心特别散。在她代职企划部经理的那段时间里，大大小小的困境遇到了不少，最大的一次就是前面说到的展会事件。这里面的确有她工作能力方面的原因。但不可忽视的是，企划部上下级之间及平级之间默契度太低。在一个默契度低的团队里，要达成一项共识，往往要花费更多的时间。

2. 掌控感缺失

我们这里所说的掌控感，并非是控制另一个人的欲望，而是一种让工作、生活处于有序的状态的能力。掌控感的缺失所引发的失控会导致焦虑和不安的情绪。

很多人特别容易在跳槽、转岗或晋升的时候感到焦躁。因为他们总觉得面对的很多问题是自己力所不能及的，事情总是处在失控的边缘。

苏晓彤刚到企划部时，第一个感觉就是如此。因为她面对的是新领域、新问题、新团队、新挑战。所以，很多时候，她感觉那些复杂的问题，超出了她的能力范围，这让她焦躁不堪。实际上，很多问题并没有她想象的那么难，只是她没有找到突破口，误以为它很难。

3. 结存变量的干扰

结存变量的干扰是我们在工作中经常会遇到的困境。简单来说，就是指你在上一次任务中积累的各种存量，比如，情绪体验、工作经验，它们可能会干扰你下一步的工作。

举个例子就比较容易理解了：

你昨天拼命赶工，完成了一项很了不起的工作任务，你感觉特别开心。今天工作的时候，一想起昨天的成果，你就不由自主地放慢了脚步，你安慰自己说："昨天干了那么多，今天可以少干点。"你看，这就是情绪体验带来的结存变量干扰。

又或者，你在一家外企工作，业绩不错，后来有一家规模不错、发展前景看好的民企向你抛出了橄榄枝，你可以获得更多的薪水和更高的职位。你跳槽过去，并把外企的经验迁移到民企。然后你发现，以前在外企比较好用的套路，在民企玩不转，这就是工作经验带来的结存变量干扰。

我们觉得一项工作很难，通常有两种情况。一是工作确实挺难，例如，我是一个文科生，你要让我去研究无人驾驶，就超出了我的能力范围，也超出了我现有的技能水平；二是工作复杂，涉及的变量太多，像一团乱麻，例如时间长、跨部门、客户变化无常等。而我们的日常工作，大多属于后者。

那些完成力高的人，往往是擅长梳理"乱麻"的人。他们总能从一堆变量中，找到一个突破口，将复杂问题快速拆解成能解决的问题。

三步培养完成力，成为解决复杂问题的高手

能否搞定一项工作，关键在于"完成力"。如果你不想搞砸两次，来看看关于"完成力"必须要知道的事。

1. 三观契合，行动一致

三观契合并非要求三观完全一致，而是指意气相投。有分歧时，能够求同存异，行动一致。复杂的工作任务往往需要团队协作才能完成，所以，与三观契合的人合作很重要。

通常，在一个团队中，支持者占少数，"猪队友"也占少数，中间派占多数。你需要做的是：首先与支持者形成联盟；其次拉拢中间派；最后正向影响"猪队友"。总之，让团队中的多数人达成共识，形成合作的氛围。

2. 找到离你最近的威胁

人在做任何事情时都会花费注意力。也就是说注意力是人集中于某种事物的能力。同一时间段，你在一件事上注意力花得多了，在另一件事上就花得少了。

所以，把你的注意力放在你的可控范围内，看看这个范围里，离你最近的威胁是什么，然后，把它解决掉。这个原则能够帮你增强掌控感，对抗失控感。

苏晓彤刚代职企划部经理时，总感觉自己的专业知识不够，所以拼命恶补，但这并不是离她最近的威胁，离她最近的威胁是"人"，总有那么几个"挑事儿"的想看她的笑话。而她惨遭展会"滑铁卢"，也与专业知识无关，而是没把合适的人放在合适的位置上。

"找到离你最近的威胁"，实际上是让你在一团乱麻中捋出一个头来，这样你就找到了解决问题的突破口。

3. 清空结存变量

清空结存变量是指复杂工作任务的链条都比较长，你可能会取得很多阶段性的成果，但是，当你进入新的工作阶段时，一定要注意，把之前积累的情绪体验、经验等清空，避免它们对后续工作造成干扰。

其实，我们的工作不过是由简单原则构成的复杂综合体。我们说的这三步培养"完成力"的方法，也都是人们非常熟悉的基本方法。但是当这些方法被有计划地贯彻到复杂工作任务中的每一步时，它们的能量就被放大了。

大道至简，从这个角度看，几乎没有什么复杂问题。想透了这些，能够正视它之后，人就找到了一个突破口。如果你能够在工作中不断地拆解复杂问题、搞定复杂问题，你就更容易享受到工作的乐趣。

毕竟，工作是为了享受人生，而不是为了忍受人生！

2.5 细节重塑影响力，实现人生的完美逆袭

京东有个快递小哥叫黄少波，在2019年2月21日到3月20日一个月他的总揽件数是13万件，揽件提成近8万元。黄少波入职京东已经五年，2018年的平均月收入是八九千元。在京东开放快递揽收业务之后，他转型做揽收。

快递这个行业门槛低，从业人员素质有高有低。但只要肯吃苦，月入过万早已不是什么新鲜事，不过像黄少波这样月入8万的人简直是凤毛麟角。尽管他不是每个月都有8万块收入，但他的成绩着实让很多人望尘莫及。

这个时代，不缺乏刘强东一类的大佬，但大佬们的成功有时代的机缘、有努力的成分、有造化赋予的几分好运气，他们的成功极具个性，难以复制。

而像黄少波这样的普通人，他能成事，从一众快递小哥中脱颖而出实现逆袭，这里面一定有可以供普通人参考的人生规律。

小人物的生存法则：细节重塑影响力

写这篇文章的时候，我想起一句话：换个战场你就是赢家。的确如此，对于学历一般、资质普通的黄少波而言，他的逆袭机会，都藏在了那些别人看不上的细节里。

有记者专门采访过黄少波。在采访中，黄少波坦言："很多人给企业送快递都是直接送到前台，我每次都把老板的个人件直接送过去，时间一长就和老板熟了起来。"

后来，京东开放快递揽收业务，黄少波和企业负责人做了一次恳谈。基于京东的服务质量和价格优势，以及黄少波的口碑，他很快拿下了一家企业客户。对方决定先让黄少波发送一部分快件，试用一个月。一个月后，对方将全部发件业务交给了他。而此时，很多习惯于依赖商城订单派件的京东快递员还在逐步适应从派件到揽件的转变。

为了提升服务质量，加强派件的时效性，黄少波把不同的客户资料进行整理归类，及时满足客户的要求，未送达的快递及时查找原因并积极寻求解决方案。慢慢地，他积累了一批稳定的企业客户。

这就是黄少波和普通快递员的区别。他说："只要多想办法把优质的服务对外推介，一定能打动客户。"

很多人在服务客户的过程中喜欢摆事实、讲道理。他们一遍遍地告诉客户他们的产品有多牛，公司有多……在信息严重过载的今天，客户没有耐心听道理。

能够让客户做出决策的并不是你提供的信息本身，而是这些信息背后的情境。也就是说，是情境触发了客户的动机，他才下意识地做出了决策。

黄少波将快递直送老板手里，让老板感受到他周到热忱的服务。下一次老板想发快递的时候，就会被这种积极的情绪推着走，一下子想到黄少波。

很多机会，往往就藏在那些别人瞧不上的细节里。在这里，细节最终起到的作用是放大个人的影响力。

人生逆袭的四个关键能力

生活中，像黄少波这样的普通人还有很多，他们工作普通、资质平平，却踏踏实实、一步一个脚印做出了实打实的成绩来。结合黄少波的案例和我经手的生涯咨询个案，我总结出了普通人实现人生逆袭的四个关键能力。

1. 制订目标的能力

生活中有很多"待命族"，简单来说就是自己没有目标和方向，完全依赖别人的指令行事。待命族的致命缺陷是缺乏制定目标的能力，他们最容易在职业生涯后期被淘汰出局。

凡是有点成就的人，都有很强的制定目标的能力。例如上文提到的黄少波，京东开放快递揽收业务后，黄少波迅速制定了拿下企业客户的目标，及时与企业负责人交流，最终拿到了订单。

在生活中，如果你一时没有明确的大方向，可以从细小的时间模块入手。思考一下在这个时间周期内，你要实现哪些小目标，兑现哪些价值。通过小步试探，不断收集外界的反馈，慢慢找到自己的大目标。

2. 构筑专业性的能力

每个人都会面对一个有关工作的课题，那就是构建自己在某一领域的专业性。专业性并没有我们想的那么难。黄少波整理客户资料，把电商、微商等客户分类归集，这就是专业性，它实际上是人们有计划地建构自身强项的能力。

普通人想要提升构筑专业性的能力只需要三步。第一步，也是最重要的一步，即明确自己的专业领域。你可以整理一下，自己在哪些领域积累了大量的经验和资源，这些领域是否是社会迫切需要的。第二步，根据实际能力与目标能力的差距制定专业能力提升计划。第三步，执行计划。

3. 人脉管理的能力

人脉管理能力是我们开拓和维持关系的能力。对于每个人来说，不管你处于什么职位，小到一份工作机会的内推，大到一项商务合作，人脉在其中都会起到至关重要的作用。

黄少波的揽收业务很火爆，这跟他的人脉管理能力有很大关系。他之前派送快递时跟不少老板都很熟，这为他后来的业务拓展打下了好基础。

想要提升自己的人脉管理能力并不难。首先要提升自己在某一领域的专业能力，你的专业能力是你能够和别人进行等价交换的前提。混个脸熟那不叫人脉，顶多是通讯里多一个陌生人而已。时刻思考，你的专业能力能为别人提供什么价值，然后再创造进一步接触的机会。

4．业务商洽的能力

业务商洽的能力就是在业务合作中进行沟通协商的能力。黄少波的企业客户，都是一个个谈出来的。这种业务商洽的能力，表现为善于倾听，为客户寻找解决问题的方案，而不是单方面把自己的想法倾倒给对方。

你可以通过以下这几个步骤，提高业务商洽的能力。第一步，换位思考，了解对方的价值观、处境；第二步，求同存异，探索双方的共同目标，提出有价值的解决方案，达成一致；第三步，允许对方表达自己的想法，不要横加干涉。

参与社会竞争，是不可避免的人生经历。这其中，努力是成功的因素之一，但每一个巨大的成功背后都是多个变量互动的结果。

认清楚这个现实，你的人生才能有希望。将你的能力投入到你锁定的领域里，然后从现在开始，持续地刻意练习，让自己能分享这个时代丰厚的红利。

Chapter 3
突破困局：有效应对不确定

3.1 在复杂系统里,步子别迈得太大

"罗辑思维"推送过一条音频:"领先半步有什么好处?"音频里罗振宇提出了一个有趣的问题:"假设你现在穿越回了唐朝,请问你干点啥?"

罗振宇举例:"你确实是一脑子现代知识,但是你知道的东西,当时都造不出来。所以,你的知识对当时的人没啥用,甚至还很危险。你要是逢人便说'人是由猿猴进化而来的',这没准就被看成疯子了。更重要的是,当时的人会的,比如吟诗作赋,你还不见得会。"

最后他总结说:"领先一千年很危险,领先半步才安全。"

我很认同这个观点。把它延伸到生活,生活中的问题出在哪里?很多时候不是出在我们没有能力上,而是你能力太强,在"技术"层面走得太快,"灵魂"跟不上了!

在复杂系统里,步子别迈得太大

"你,马上,动员所有力量把人员的缺口补上。如果人员不能及时就位造成工地停工,咱哥俩的情分就到此为止!"

当老板黑着脸瞪着眼珠子，用几乎是下最后通牒的口吻向政辉（化名）布置工作时，他着实吃惊不小。怎么说他也是"空降"来的总监，大企业出来的"香饽饽"，"蜜月期"这么快就结束了吗？

政辉一边应承着老板，一边飞快地思忖着。

半年前，政辉在一家集团企业的分公司做人力资源经理，他在那家企业待了八年。对于今后的发展方向，他希望要么能调回集团总部担任中层，要么能在分公司"上一个台阶"，晋升到总监级别。

但他发现这两个方向都有点难以实现：集团总部一个萝卜一个坑，很少有人"挪窝"，他能进入的可能性很小；分公司总监级别的职位要么是集团下派人员，要么是外聘"空降兵"，自己不太容易能获得这个职位。

总不能在分公司的中层岗位上待一辈子吧？他开始动用身边的资源，向外寻求更好的发展机会。猎头给他推荐了一家公司，企业规模跟他所在的集团公司不可同日而语，但是对方给出的职位是"人力行政中心总监"，待遇也高出不少。

政辉跟目标公司接触了几次，对方对他表示出极大的尊重和兴趣。政辉给自己打气："中小企业是一个广阔的天地，在那里是可以大有作为的。"

政辉走马上任，"新东家"特意为他准备了热情洋溢的欢迎会。他准备将"前东家"先进的管理制度套用到"新东家"，改善公司落后的管理面貌。

对于政辉的"执政方案",老板不鼓励也不支持。新官上任,他不想太挫年轻人的锐气,但很多东西,他觉得并不是公司目前迫切需要的。下面的员工对于政辉的新政并不买账,他们认为实用是最重要的,搞那么多形式主义干吗!

政辉处处碰"软钉子"。最让他难过的是,自诩业务能力很强的他,却在他认为技术含量低的工作模块中频频出现纰漏。先是因为农民工合同纠纷问题被管理部门约谈,后来又因为一线施工人员储备不足,导致新开工项目几乎无人可用……

那些他认为没有技术含量的基础工作没做好,而他认为有技术含量的工作又没开展起来。里里外外,他的工作业绩看起来一塌糊涂。

很多人的发展之路,并不是因为技术不先进或水平不行而堵死的。恰恰相反,当他们的技术先进到别人还没有对它完全认可,而他们本身对于旧技术又嗤之以鼻时,就会在不断验证自己的过程中消耗大量的精力,最后基础工作没做好,亮点业绩也没做出来,从而逐渐丧失了竞争力。

相比之下,华为就是一个正面的例子。华为一直强调在产品的技术创新上要保持领先,但只能是领先竞争对手半步。

领先半步是"先驱",领先三步就成了"先烈"。

真正的领先是在分析客户和老板的需求的基础上,提出解决方案,以这些解决方案引导自己的工作方向。

一个"被忘却的伟大的符号"

在一个新的环境中，取得成功的关键是发现机遇并把它变成商业价值。这个过程需要创新，但是创新不等于创造商业价值，很多先进的管理理论或科学技术在商业上可能会败得一塌糊涂。

20世纪90年代末，摩托罗拉公司启动铱星计划。这是一个全球性卫星移动通信系统——通过使用卫星手持电话机，通过卫星可以在地球上的任何地方拨出和接收电话讯号。

铱星系统技术上的先进性在卫星通信系统中处于领先地位。但是，由于铱星系统卫星之间需要通过星际链路传送信息，这使得研发费用和系统建设费用高昂，整个铱星系统耗资达50多亿美元，每年光系统的维护费就要几亿美元。

当摩托罗拉公司费尽千辛万苦终于在1998年11月1日正式将铱星系统投入使用时，命运却和摩托罗拉公司开了一个很大的玩笑：传统的手机已经完全占领了市场。绝大部分城市、城市近郊的农村、交通干线、旅游胜地都被地面网络覆盖，移动电话的国际漫游成为可能。

这意味着地面移动电话网络在成本费用、手机轻便性等方面占了相当的优势。卫星移动电话的市场被不断地压缩着。

1999年3月15日，摩托罗拉公司正式通知铱星电话用户，如果还没有买家收购铱星公司并追加投资，铱星的服务将于美国东部时间3月17日23点59分终止。3月17日，铱星公司正式宣布破产。

管理大师彼得·德鲁克曾指出:"创新的成功不取决于它的新颖度、科学内涵和灵巧性,而取决于它在市场上的成功。"

对很多人而言,这些教训非常重要。工作中不要只考虑技术优势,你在技术上的领先也不要太靠前,更重要的是要与环境"兼容",领先半步即可。否则很容易步摩托罗拉的后尘,成为一个"被忘却的伟大的符号"。

如何才能做到"领先半步"

领先半步,是一种分寸和尺度的把握。有三条重要途径:

1. 要有初学者心态

初学者是谦卑的、开放的。在他们的视野里,自己永远是一个新手。初学者不主观臆断、不预设,总有一颗要去接纳事物的心。

政辉最缺乏的恰恰是这种初学者心态。他认为自己是大公司出来的,不屑于向同事们请教,他想将自己过去的成功经验直接套用到新公司,结果吃了大亏。

美国"物联网之父"凯文·阿什顿在《被误解的创新》一书中曾经提出了一个概念:无意视盲。意思是说我们事先预设的一些观念会导致我们的观察出现盲点,使我们看不到那些事实上存在的东西。

所以,进入一个新环境,要有初学者心态。事物存在很多的可能性,而不是没有多少可能性。要能看到新的问题,注意到可能被忽视的事物。

2. 发掘天然存在的需求

在新的环境，每个人都想尽快做出点成绩来。那么怎样才能做出成绩来呢？最好是发掘那些天然存在的需求。

例如，政辉的"新东家"处于初创期，企业的目标是生存，企业对于承接新的工程项目获取现金流的渴望高于一切。在这个阶段，流程、制度、科学化就显得不那么重要，人力资源工作的重点在于保证一线施工项目的人员供给，高效执行企业各项决策。

3. 要事第一

这是史蒂芬·柯维博士在《高效能人士的七个习惯》中说的第三个习惯。很多人都知道时间管理矩阵，就是史蒂芬·柯维博士以轻重为一维，缓急为另一维，构建的一个二维四象限图。

要事第一，就是主动干掉一切"不重要也不紧急"的事，拒绝大部分"紧急但不重要"的事，直到小于15%。这样你就可以把65%~80%的时间花在"重要但不紧急"的事上，并因此让"重要并且紧急"的事情，减少到20%~25%，达到"忙而不乱"的境界。

领先的路径是由许许多多的步骤组成的，在竞逐领先位置的过程中大多数人都是失败的，大多数人的努力都没有明显的进步。

人或企业最重要的事永远只有一件，那就是思考"何为正确"。而判断正确的标准，不应是无休止地关注着自己，而是要让自己更多地关注他人。

3.2 你的决策水平，决定你能走多远

在心理学中，"决策"是一个被广泛关注的话题。从心理学角度来看，决策包含思维过程，也包含意志行动，是两者相互结合的产物。

生活中，我们时时刻刻都需要做决策。有些可能是比较小的决定，比如早餐要不要喝咖啡；有些可能是比较大的决策，比如是去北上广闯一闯，还是回安逸的老家？是要体制内稳定的工作，还是去高薪的民企？

正是这一连串的决策叠加成了你的命运。

决策力，是拉开人与人之间差距的关键

我的来访者晓骐（化名）今年28岁，在互联网公司从事了五年多技术工作。他现在所在的公司规模不大，他从普通技术员一直做到了团队负责人。对于公司的业务，晓骐觉得自己驾轻就熟。从未来发展前景看，公司比较稳定，不会有太大的变化，这也就意味着

他的职位基本止步于此，遇到了"天花板"。

现在他有一个机会——国内某知名互联网公司向他抛出了"橄榄枝"，让他比较纠结的是，如果去了只能从普通技术员做起，不能带团队，等于重新开始。老东家的稳定与地位，新东家的平台与机会，在"鸡头"与"凤尾"中，晓骐不知道该如何选择。

我有一个朋友，想要装修新房。第一次觉得欧式风格比较漂亮，就让装修公司按照欧式风格设计了图纸，还跑去看了几次欧式家具；第二次又觉得中式风格比较古典有味道，就让装修公司重新设计了图纸；后来又听别人说日式风格收纳空间很大，又让装修公司修改图纸……从他张罗装修到现在，两个多月过去了，设计图还没搞定。朋友跟我说："选择多了，反倒让选择比较困难。"我不这么认为，我觉得不是选择有困难，而是决策力弱。

简而言之，决策力就是做出选择或决定的能力。它通常是指人们在面对两种以上选择时，通过分析、比较，从中选择最优方案的过程。在一些重大选择上能否准确判断、快速反应，体现了一个人决策力的高低。而决策能力是拉开人与人之间差距的关键。

什么阻碍了人们的决策

苏格兰心理学家肯尼思·尼雷克在20世纪40年代曾经提出过"心智模式"的概念。所谓心智模式是指人们内心深处关于自己、他人、世界的认知，简单来说就是一种思维定式。而影响人们决策的，正是很多错误的心智模式。

1. 风险厌恶模式

风险厌恶模式就是决策者对决策风险的反感态度。只希望有确定的回报，而不愿意承担任何风险。但任何一次人生选择，都是不断权衡利弊，做出取舍的结果。这也就意味着，每一次选择都有风险。

我有一个来访者，在一家商业银行上班，虽然他的岗位是银行的关键业务岗位，但他仍然缺乏安全感。他觉得近年来随着互联网金融的兴起，传统金融机构受到了不小的冲击，后来他考取了当地某个机关的公务员，他觉得公务员肯定要比银行的岗位稳定。由于他考取的公务员岗位并不是所属机关的关键岗位，薪酬福利也没有银行好，所以当他接到机关的报到通知时纠结不已。他既想要银行的高薪，又想要公务员的稳定，只有这样百分之百地规避风险才能让他有安全感，但这显然是不现实的。

这个世界上从来就没有百分之百的安全感。追求百分之百安全感的人，要么墨守成规不敢求变，要么在纠结中永远不做决策和选择，而无论选择哪一种，都意味着要付出更大的代价。

2. 依赖模式

说起依赖模式，我经常会遇到这样的来访者，他们往往对生涯咨询的过程不大关注，而是想马上拿到结果。他们会在问题陈述完了之后问："老师，如果你是我，你会怎么选？"

把自己的人生选择权交出去意味着他们不用做出思考和决策，同时也不用承担相应的责任和风险。

每个人的价值观都是不同的，所以选择肯定是不同的，对于自己的人生选择，没有人能代替你做决策。如果把人生比作一幅画的话，你的人生蓝图，你交给别人来涂抹，你觉得那会是自己想要的生活吗？

所以，依赖的本质是对决策标准的不确定，不知道自己想要什么。只有一步一步澄清了内心深处的渴望与偏好，才能做出理性的决策。

3．逃避模式

一些大学生朋友经常会问我："老师，找工作挺难的，我要不要考研？"

一些职场人士经常会问我："与领导和同事不合，我要不要换份工作？"

实际上，要不要考研，这需要看你未来的就业方向是不是需要更高的学历；而要不要换份工作，这需要看换工作是否符合你未来的职业发展预期。

而很多人做出职业选择的原因不是为了获得更好的发展机会，而是为了逃避现实。这种决策往往会让自己从一个坑跳到另一个坑，并不能从根本上解决问题。决策是为了实现目标，而不是为了逃避眼前的困难。

灰度认知，黑白决策

"得到"专栏"老喻的人生算法课"中提到过这样两个概念：灰度认知、黑白决策。灰度认知是指你在分析选项的阶段，先不急于做非黑即白的判断，保持一定灰度，这个灰度最好有一个数值。简单来说就是避免非此即彼的"二元选择"。美国畅销书作家托尼·罗宾斯说："只有一种选择方案意味着毫无选择；两种方案会让你陷入两难境地；三种方案才能让你有选择的余地。"

黑白决策，是说我们在形成最终决定时，必须有一个黑白分明的选择，不能模棱两可。

我们必须要认识到，没有完美的决策。追求完美主义本质上是对失败的担心，但是人生最大的失败就是你不敢做出任何决策。当你做出决策后，要以开放的心态，迎接可能到来的错误。

我在做生涯咨询和教练辅导的过程中，梳理了一个"三维决策框架"。"三维"是指三种思维方式：正向思维、逆向思维和多元思维。

正向思维，是指人们在面对问题的时候，沿袭某些常规思维方式去分析问题，是一种从已知进到未知的思维方法。在进行生涯决策时，主要指正面的、积极的东西。逆向思维，是指面对问题时，让思维向对立面的方向发展，敢于"反其道而思之"。在生涯决策时，主要指负面的、消极的东西。多元思维，是指多种思维方法在思维活动中的全息式整合。在生涯决策时，主要指结合正向思维、逆向思维的结果，进行全方位的系统性思考，最终做出决策的过程。

我的客户老刘的女儿小刘在美国读书。本科毕业后，小刘收到了某知名企业的 offer，办公地点在纽约的地标建筑物——帝国大厦。对于这个工作机会，我和小刘通过视频，一起做了"三维分析"。

小刘的工作是编辑，收入尚可。作为刚毕业的新人，能够在全球化的大公司工作，以提升视野和学习知识为目标的话，是个非常不错的选择。这个过程就是正向思维。但是，编辑这个岗位在那个公司属于辅助性岗位，编辑所属的部门在总部也属于辅助性部门。这就意味着如果小刘一直在编辑这条线上发展的话，即便今后有机会晋升，也不能接触到公司的核心业务。这并不符合她对未来职业发展的预期。这个过程其实就是逆向思维。

经过综合分析，小刘考虑到自己接下来的发展重心并不是谋到一个好的职位，而是考取研究生。那么在读研究生之前，如果有机会在大公司工作，了解职场，也是个不错的选择，最终她接受了那份工作。这个过程就是多元思维过程。

一个人决策能力强，往往意味着他对自己、对外界的环境和机遇、对于职业的相关信息及对自己的职业发展目标都有非常强的认知能力。这时候他根据"三维决策框架"做出的选择，每一步都指向自己的人生目标。

3.3 面对冲突，除了逃避和对抗还有什么选择

我们生活在一个"个体崛起"的时代，随着商业环境的剧变，组织形态和工作方式也发生了巨大的变化。组织的边界日渐模糊，但是，最富挑战性的人和人之间的壁垒仍然存在。很多人在工作中都遇到过协作的难题：你做了A方案，他做了B方案，要么听你的，要么听他的，二者选其一，谁也不服谁。于是工作卡在那里，无法推进。无论是本部门的分工还是跨部门的协作，人与人之间都会由于防御性思维而产生诸多的冲突。解决冲突的关键是：找到对双方都有利的方案。通俗来讲，叫共赢性方案。

除了逃避和对抗，你还可以做出"第三选择"

我的客户陆总最近为接连失去两位职业经理人而苦恼。

陆总的第一位职业经理人是跟随他创业打拼的老部下韩峻（化名）。用陆总的话来说，韩峻为人踏实，特别忠诚，就是身段太软，做事缺少魄力，总喜欢当"和事佬"。韩峻认为，只有工作少起纷争，

才能天下太平。然而，企业要发展，真正做事的人，在工作中不可避免地要应对各种冲突。

韩峻的行事方式，导致在他担任总经理的几年里，公司业绩变化不大。陆总不能容忍的是，韩峻的"和事佬"有时当得特别没有原则，严重损害公司利益。

有一次，一位下属提出加薪要求，扬言公司不给加薪就辞职走人。考虑到这个下属工作能力很强，为了避免人才流失，韩峻就应承下来。但是这个口子一开就坏事了，陆续有员工如法炮制，跟公司讨价还价提加薪，公司不应允，就消极怠工。韩峻处理不了，最后陆总出面平息了这件事。韩峻遇事不喜欢有分歧，不喜欢搞对抗，说得好听点叫"和稀泥"，说得难听点叫逃避。

陆总认为韩峻已经不适合担任总经理了，就把他调派至外地分公司任职，然后开始着手招募手腕硬点的人做总经理。猎头公司为陆总推荐了几位候选人，陆总最中意的是齐展鸣（化名）。他原是一家地产公司的高管，销售出身，举手投足都透露着凌厉、果决的风范。齐展鸣很快上任，在上任之初的一个月里，他和陆总惺惺相惜，配合甚是默契。但很快，陆总不得不头疼地为齐展鸣收拾烂摊子。

齐展鸣工作非常努力，能力也很强，上任伊始就出台了一系列新举措。但是，作为"空降兵"，他很难调遣那些跟陆总冲锋陷阵、打天下的老员工。齐展鸣手腕硬，树权威，摆架子，一言不合就训人。别说那些与陆总一起创业打拼的老部下，就连普通员工都觉得在齐展鸣手底下干活很委屈。齐展鸣多次批评员工的工作成果是垃圾,员工是蠢材。

齐展鸣像个火力十足的小钢炮,面对冲突,他攻击性十足。员工送给他一个绰号——"齐海燕",说他喜欢在狂风和乌云之间翻滚,内心充满对暴风雨的渴望!陆总一直安慰自己:"对于高管要多一点耐心。"但是,五个月后,他终于忍无可忍,"礼送"齐展鸣离开。

应对冲突,无论是像韩峻一样选择逃避,还是像齐展鸣一样选择对抗,实际上都是一种在自我保护心理下启动的防御性思维。有思想的人,真正关注的是在逃避和对抗之外,寻找彼此都能接纳的方案,以达到共赢的目的。管理学大师史蒂芬·柯维把这种应对冲突的方式称为"第三选择",它能帮人们解决日常生活中的诸多难题。

不是"我的方法""你的方法",而是"我们的方法"

"第三选择"不追求"我的方法""你的方法",而是追求"我们的方法"。也就是说,双方或多方在执行一项任务的过程中互相配合着做事,最后双方或多方能够共同获得利益。

我有个同事老钱,早年跟随老板鞍前马后打天下,后来被老板派到集团旗下规模最大的分公司担任总经理,同事们都戏称他是"封疆大吏"。有一年,我去他的辖区出差,亲眼看见了他处理冲突的方式,受益颇多。

那天我正跟老钱在办公室聊绩效和薪酬方案落地的事，员工小周来找老钱申请加薪。我也认识小周，他是集团定向招聘派到分公司做测量员的。小周的诉求是，自己做了三年测量员，技能娴熟，业绩不错，所属项目部一直在艰苦地区作业，希望公司能给加薪。

老钱看了看我说："您是集团人力资源部门负责人，您看怎么处理？"那时集团实行的是宽带薪酬，测量员的薪酬从1档到9档，分公司有决定权。我赶紧把事情推给老钱，我说："你们谈，有调整向集团报备。"我这么说的目的，一是不想干预分公司的内部管理，二是想看看老钱如何处理这件棘手的事情。

老钱不慌不忙地向小周了解情况。他问得很细致，从家庭情况到工作情况，还了解了他对公司管理及项目施工管理的具体看法。小周一开始有点紧张，后来慢慢放松下来，他开始热切地谈出自己的观点和想法，特别是关于项目施工管理的一些想法，非常有价值。

谈完后，老钱告诉他：第一，在测量员这个岗位我不会给你加薪；第二，你可以考虑承担更重要的工作，到施工员的岗位上见习三个月；第三，见习期工资按测量员标准执行，见习合格转岗做施工员，工资按施工员1档起薪。小周听完又惊又喜。施工员是测量员纵向晋升绕不开的一步，只有做了施工员，才有可能继续往上做施工队长、项目经理。小周的工作范围扩大了，技术含量增加了，如果顺利通过见习期，工资也会更高。

其实，老钱完全可以打发走小周。比如告诉他，"别人跟你拿一样的工资，你凭什么多拿？""你的确很有能力，但是公司有规定，我也不好为你一个人破了规矩。"老钱也可以直接妥协，答应小周的要求，这些做法既简单又直接。但是，他能觉察到小周加薪诉求背后的双赢可能性。他通过扩大员工的工作半径、让员工承担更重要的职责，进而提升员工的能力，提高员工的收入。

员工带着抱怨来，带着希望和干劲儿走，这就是拥有第三选择思维的领导的魅力。他们不为冲突而战，而是在冲突中汲取共赢的养分。

我在生涯规划辅导中经常把这个方法教给来访者，帮助他们化解工作中和领导、同事或客户之间的冲突。这个方法像万金油一样好用，你会发现，只要冲突双方愿意朝着共同的方向努力，在第三选择框架下，解决问题的方法就一定能被创造出来。

不要用制造问题时的同一水平思维来解决问题

共赢的结果是1+1>2，这个道理很多人都懂。但是大多数人在寻求共赢方面做得并不好。因为它涉及思维方式的改变，以及心理防御机制的打碎和重建。

有一次，一位客户问了我一个问题："公司效益比刚创业时好多了，但自己却越来越累，为接班人的事情费尽心思，现在越来越焦虑，怎么办？"

这位客户在15年前创业,他觉得跟15年前相比,公司除了多赚了点钱,本质上没有太大的变化。比如,他虽然是老板,但也是最大的业务员。公司的大单全靠他来谈,他大量的精力消耗在拉单子、陪客户、摆平事上面,五十几岁的人感觉特别累。

他也通过猎头公司请到过一些优秀的人才,有些是我和他一起面试的,我发现那些优秀点的人都没留下。他给对方较高的绩效收入承诺,结果一到年底该兑现承诺的时候就"肉疼"。他的目光时刻离不开"成本"二字,一想到优秀人才花了他那么多钱,他就忍不住苛责、压榨。于是能干的人都走了,他又抱怨生意做得太累,招不到"好人",这不是自找的吗?

有钱自己赚,有事儿大家担,天下哪有这样的好事。优秀的管理者,要懂得平衡自身利益和他人利益。怎么做呢?这就需要选一件合手的工具:认知平衡法。我们可以把它分解为四步:

1. 审视自己

将自己视为有独立判断力和行为能力的独一无二的个体,而不是所属的某一个团体。

你可以与别人分享你的看法,也可以对自己和他人的想法提出质疑,而不是坚信自己是对的,与他人对抗。

2. 看到差异

承认双方或多方的差异,并在这个基础上接纳与自己不同的人。要看到冲突之外比各自力量更为强大的合作共赢的力量,而不是在敌意中削弱彼此的力量。

3. 换位思考

设身处地站在对方的立场上体验和思考问题。以积极开放的心态倾听对方，直到真正理解他的看法，而不是自我防御地认定"你与我不同，你就是个异类、威胁"。

4. 寻求共赢

协调双方或多方站在同一出发点共同努力，创造出更好的解决方案。不攻击、不妥协，而是运用双方或多方的力量实现更好的效果。

采用什么样的方法处理问题，就会得到什么样的结果。战争催生战争，共赢催生合作。

阿尔伯特·爱因斯坦说过："我们不能用制造问题时的同一水平思维来解决问题。"要解决最棘手的问题，我们必须彻底改变思路。

3.4 80%以上的纠结，都可以通过恰当的归因消除

美国心理学家伯纳德·韦纳认为，人们对成败的归因会对日后的行为产生重大的影响。

世间万物有因终有果，有果必有因，只要你所做的事情存在一个结果，那么归因都是你不可不做的事情，它会左右你内心期待的结果。

从我经手的生涯咨询个案来看：80%以上的纠结、倦怠、挫折，都可以通过恰当的归因消除。认识归因偏差，才能找到问题的本质。

陆雄文在《管理学大辞典》一书中这样定义归因偏差：归因偏差是大多数人具有的无意或非完全有意地将个人行为及其结果进行不准确归因的现象。

在人们的潜意识中，我们习惯高估自己，将成功归因于自我能力、个人特质，而将失败归因于外部环境、工作本身以及他人。

人到中年，人生半坡

晓欣（化名）是一所大学会计专业的老师，薪水虽然不高，但也不低，每年还有寒、暑两个长假。但最近几年她总是抱怨："越

来越觉得这份工作没有价值，要是当初选择去外企，兴许现在都年薪百万了。"

在这个城市，她有房有车有人爱，看起来生活得惬意、体面。但只有她自己知道，她近年来对教书的倦怠感。每天，她都硬着头皮去上课，对学生也越发没有耐心，动不动就发火。一个人时，她经常想：何处是正途？可安驻我心？

晓欣2009年留校任教，刚参加工作时她也曾为教师的职业自豪过。她很自然地给自己贴上了"高级知识分子"的标签。那时站在讲台上的她自信从容，出于对工作的热爱，她用耐心与真诚对待每一位学生。

虽然有时候晓欣也会觉得落寞，但她很清楚作为教师，自己的价值感源自哪里。她说，教师这个角色的责任感让她严格要求自己，不断探索新知、分享新知，当她这样做的时候，她发现自己成长得非常迅速，而这种自我成长，激励她投入新一轮的热情。

然而，从2015年开始，原本干劲十足的晓欣开始感到失落与无望。理想与现实之间也总是存在着一些落差。比如，学校低效率的管理方式；科研与论文发表的压力；保守的教学方式；最大的落差源自上课时学生们"一潭死水"般的反馈，仿佛这是一堂与己无关的课程。

她开始无比焦躁。因为论文的事情，她和系主任吵了一架；因为学生上课不认真听讲，她言辞激烈地批评，随后遭到投诉。

她感觉大学老师这个职业让她的价值感变得低下，开始有了想要逃离的念头。但离开这里，又能去哪儿呢？她在去留之间摇摆不定，既不能做到安分守己地讲课，也无法不顾一切地果断离去，犹如笼中困兽。

人到中年，人生半坡。努力打拼了多年，晓欣终于跌跌撞撞爬到了山腰，却发现，再往上走已经很难了，这是无数中年人的现状。当我们发现自己无力改变这个世界时，我们只好向自己妥协。

世界那么大，看了有用吗

迷茫纠结了三年，2018年劳动节过后，晓欣决定鼓起勇气迈出尝试的一小步。她盘算了一下：暑期开学之后，她将要带大一新生，大一新生军训得一个月，这期间她不用到学校上班，再加上7月份开始的暑假，算起来有三个月假期，何不利用这段假期找一份工作来尝试一下呢？也好为将来的跳槽做个准备。

晓欣结合自己的专业能力，认为在企业从事财务类工作可以与自己的专业衔接上。她开始偷偷在几家招聘网站上投递简历。上课之余，她去过几家企业面试，经过仔细权衡，她终于锚定了一家企业，并谈好7月初上班。

晓欣应聘的职位是一家民营制造企业的主管会计。企业成立至今，财务管理混乱，到现在积弊日久才想到要好好梳理财务制度流程。除了日常工作外，晓欣还要处理历史遗留问题，这些"陈年旧账"的处理难度就连一般老会计都吃不消，前任会计就是因此离职的，可想而知晓欣的工作难度。

同事们多数都不友善，他们用挑剔的眼光审视着晓欣，言外之意就是"你不是大学老师吗？这点活儿还干不明白？"工业企业的财务工作本来就相对复杂，再加上晓欣过去的工作完全是知识输出，并没有实战功底，面对这堆烂摊子，她焦头烂额。那些年龄比她小一大截的同事们幸灾乐祸地看着她这个无处安放的"老人家"！

入职一个月，晓欣开始怀念学校了。她对这份工作的体验极差，老板对她的工作也不买账，双方一拍两散。晓欣来到我的工作室，希望能厘清为什么自己的工作总是不尽人意，接下来的路该怎么走。

理由千千万，贵在要自省

和上一辈人换工作的谨慎相比，我们会发现，在如今这样一个自由选择的年代，对不那么满意的东西，我们习惯了"换"，而不再想着去"修补"。把这个逻辑放在职业选择上，对于那些不满意的工作我们也不再有耐心"修补"，而是果断离开，一言不合就要跳槽。我们都期望下一份工作能够做自己喜欢的事，但是下一份工作就真的是你的 Dream Work 吗？

在搞清楚这个问题之前，我们需要问自己：我想成为一个什么样的人？什么对我来说是重要的？我需要在哪些方面做出改变？

如果这些基本的问题没有想清楚，人就容易迷失方向。回答这些问题，需要直观地看到与此相关的各因素是什么关系。

晓欣判定自己对高校教师工作产生了"职业倦怠"，而选择盲目逃离，但她没有看清倦怠背后的真正诱因。我用生涯教练工具"平衡轮"帮晓欣做分析，希望能够帮她厘清现状，觉察到平时被忽略的部分，找出希望改变的地方，然后制定计划，采取行动。这个工具非常好用，你也可以试一试！

1．创建平衡轮

首先，在一张白纸上画一个标准的大圆，然后把大圆分成八份，依次填上对于自己生命平衡和幸福而言最重要的 8 项内容，标准版本的生涯平衡轮内容顺时针为：

职业发展——你在职业中不断进步变化，不断自我更新；

财务状况——你的资金方面；

健康状况——你的身体、心理健康方面；

娱乐休闲——有益身心的娱乐休闲活动，在非劳动及非工作时间内有益身心的业余生活；

家庭生活——未婚者，指自己的原生家庭；已婚者，指自己和配偶的小家庭；

个人成长——知识、能力、眼界、心灵的成长；

自我实现——可以与工作有关，也可以与工作无关，只要是能发挥你的天赋，实现你的价值的事。

2. 为平衡轮打分

接下来,结合现状,请给你现在的每个领域打分。打分标准:1-10 分。1 分代表最不满意,10 分代表最满意。

打完分后,问自己几个问题:

①你有什么发现?

②哪一个领域的分数提高了,会带动其他领域的分数提高?

③你对现在的生活/工作有多满意?

④有什么是你想改变的吗?它们的先后顺序会是怎样的?

⑤有哪些部分是需要立即注意的?

⑥采取什么行动会改变这个部分的满意度?

⑦改变后,你的生活和工作会有什么不同?

⑧你可能迈出的第一步是什么?

结合本文中的案例,晓欣的平衡轮画得非常漂亮,我给她准备了 12 色彩笔,她自由搭配,画出了极具视觉冲击力的效果。在平衡轮中,她终于看出了端倪。事实上,对于大学老师这个职业身份,晓欣是认同的,所以她给自己"职业发展"这个领域打分很高。她发现,问题的关键出在"财务状况"这个板块。

晓欣的爱人 2015 年辞职下海,在北京和朋友合伙开了一家软件公司。辞职意味着没有了固定收入,而企业初创期处处都要花钱,家里的经济状况陡然紧张起来,这三年也没有太大的改观。经济上的压力让晓欣产生巨大的心理压力,而她把这一切归因于她的工作没有为她带来想要的价值。

看着平衡轮，晓欣落泪了，她差点就放弃了一份自己喜欢的好工作！看似简单的生涯平衡轮，其实背后有很多心理学原理在起作用，其价值是明显的。其实，平衡轮的作用就是用来厘清一件事情背后的关键要素。很多时候我们的困惑是由于我们并不了解自己，平衡轮能将非常抽象的指标具象化、视觉化。

克服"归因偏差"，避免成为生活"易耗品"

在晓欣的案例中，我们看到，以职业倦怠显现的困惑，其本质很可能不是"倦怠"，而是"归因偏差"。长久以来，晓欣把经济上的压力归因为自己的工资太低，这种归因偏差导致她对工作产生了低价值感，低价值感引发了一系列抵触情绪，进而陷入了困境，困境进一步引发低价值感，陷入了恶性循环。

在平衡轮的练习中，我问晓欣："有什么是你想改变的么？"

她毫不犹豫地回答："财务。"

我继续启发她："接下来采取什么行动会改变这个部分的满意度呢？"

她说："平时课程不多，可以在业余时间去一些会计培训学校讲课增加收入。"

晓欣说，她很支持爱人创业，虽然创业三年都没赚到钱，家里还倒贴了不少，但眼见着项目慢慢有了起色，她不想半途而废。她说接下来的时间，她可能会很忙碌，一定要多接些兼职的工作，把经济缺口补上。

如果你的生活也遇到各种迷局，尝试一下从现在开始学习并练习平衡轮，找到正确的归因方式，也许很多事情就会变得不一样。逃离只会让你离真相越来越远，改变自己、调整自己，才能遇见美好的未来。

3.5　不要把时间浪费在苛求完美上

多年来，我都在致力于帮助人们解决职业定位、职业选择、生涯平衡等人生难题。我意识到，许多来访者耗费了太多时间苛求自己成为一个完美的人。人们与种种"不完美"做斗争，却丝毫没有意识到真正困扰自己的是什么。

完美主义的确能让人在某种程度上把事情做好，但是一心追求完美，便会对很多事物不满，它会让人过度焦虑，为了避免犯错而不惜一切代价，这反倒阻碍了目标的实现。

让计划赶上变化，不要把时间浪费在苛求完美上

我参加生涯培训时，结识了不少学友，其中有两个学友 A 君和 B 君给我留下了深刻的印象。A 君是一家企业的人力资源总监，B 君是退伍军人，他们都既聪明又好学，专业知识非常扎实，且都有一个共同的愿望，那就是通过专业的培训学习，未来有机会转型做全职的生涯咨询师。

培训学习到的是知识，而知识到技能的转变还隔着实践。培训结束后，A君和B君开始动用身边资源，大量接触生涯咨询个案。A君是个完美主义者，他发现来访者的行业背景各不相同，遇到的职业难题五花八门：工作与生活平衡、职业情绪疏导、核心竞争力挖掘……作为新手咨询师，他并不能完美地解决来访者的所有问题，于是有些沮丧。

有一次，我转介案子给他，我说："资费标准你跟来访者谈吧！"他说："我，免费！"我问他为什么。他说，怕自己不能完美地解决来访者的问题。就这样，A君被完美主义阻隔在了付费咨询的门外。他一直做免费咨询，这导致他不能通过付费筛选高质量客户。两年后，他仍然是一个生涯规划咨询业余爱好者，没有按照预期转型成为全职的生涯咨询师。

B君也从免费咨询做起，他发现受限于自己过去的职业经历，作为新手咨询师的他很难跨行业解决来访者的复杂问题。他利用自己的从业背景，一开始只做退伍军人的咨询个案，而且很快开始做付费个案。我们一起交流的时候，B君谈到，做免费个案时，遇到难题总会想："反正也没收费，试试看吧！"做付费个案时，就会换一种思维方式："用户付费咨询，我怎样才能交付优质的方案？"

在一个行业积累的成功经验，很容易迁移到另外一个行业。慢慢地，B君的咨询业务就像一颗扔进水里的石子，渐渐泛起的涟漪，一圈一圈向其他行业扩散。两年后，他成为一名专业的生涯咨询师。

同样是学习一项新技能，A君和B君的结局迥异，这样的情况在工作中普遍存在。你学习新技能了吗？学啦！然后呢？然后我做得不够好，然后就没有然后啦！你看，完美主义害死人。

除了一些高精尖行业，比如科研、医疗等需要零误差外，对于普通人而言，完美主义是最没有必要的。一旦你有了完美主义情结，你就会把全部的时间和精力投入到把一件事情做到100分上。事实上，做到80分已实属不易，而从80分到100分的努力过程，可能是以牺牲很多件应该做到及格线的事情为代价的。而那件你想要做到100分的事情，也未必能如你所愿。要避免这种情况，你需要的是"冲刺思维"。

简单来说，冲刺思维就是一种在冲刺阶段中不断迭代工作并交付阶段性成果的思维方式。

你要学习一项新技能。你可以把一段固定的时间当作冲刺期，在冲刺期结束时交付成果。以生涯咨询为例。你学习了生涯咨询知识，在第一段冲刺期结束时应该交付的成果是：可以独立完成咨询个案。这个阶段不要求你每个行业每种类型的个案都能做，你可能聚焦的是互联网行业从业人员的职业定位问题，也可能聚焦的是教育行业女性员工的生涯平衡问题。

总之，如果把你的交付成果看作一个产品的话，它可能只是产品的某一部分。当你把阶段性冲刺的成果公开交付后，通过外界的反馈，不断对这个成果进行优化。接下来开始新一轮的冲刺期。

别让完美主义成为生活的阻碍

我有个客户老吴，开了一家规模不大的咨询公司，主要为中小企业提供营销咨询及定制化培训服务。老吴负责的项目，有一个非常突出的特点：快速交付。一个项目，如果同行的交付时间是两个月，他可以把时间缩短一半，一个月交差，并且保质保量。项目周期短，所以项目报价就非常有优势。

我问老吴怎样在这么短的时间交付保质保量的项目成果。老吴的回答是"冲刺"。老吴带领项目小组，将工作任务分解到每周，以一周为一个冲刺周期。在一个冲刺周期内额定的任务，不得轻易删减和改变。这种冲刺思维，使得他们能在最短的时间内产出可交付的成果。

学习新技能的目的是什么？不是为了学习本身，而是为了产生可交付的成果。当你以"冲刺"的视角去看待一段周期性的时间时，你会有强烈的任务感和紧迫感。你会不断地向自己发出灵魂拷问："我为什么要做这件事？我希望它产出什么样的成果？"这个过程会让你目标明确，减少学习过程中因疲累产生的对抗情绪。而阶段性的成果交付，也能让你以最小的成本、最快的速度知晓自己习得的技能是不是市场需要的。

我现在经常运用冲刺思维管理工作，受益颇多。今年我的工作异常忙碌，除了本职工作生涯咨询、高管教练外，每个月还要完成签约的固定篇数稿件，与读者互动。我每天都会问自己三个问题：

你昨天为冲刺阶段做了哪些事情？你今天要为冲击阶段做哪些事情？执行过程遇到了哪些障碍？如果有障碍，迅速排查，保证工作进度。如果没有障碍，全力以赴完成冲刺阶段任务。

完成超越完美

戴尔·卡耐基在他的演讲中说道："零星的时间，如果能敏捷地加以利用，可成为完整的时间。"冲刺思维的精髓是在较小的时间颗粒度内产出成果。敏捷利用时间，这才是职场竞争力的本质。塑造冲刺思维，需要四个步骤：

1. 建立最小可交付意识

你在一项工作或学习中投入了大量的时间和资源，但最终却没有产出任何成果，这样的投入是无效付出。产出不一定是重大成果，它可以是最小可交付成果。为什么是"最小可交付"呢？因为很多时候，你会发现计划没有变化快。

比如，你给客户做装修方案，你给他终稿，他会告诉你这不是他想要的风格，你就得推倒重来。所以，你需要一个在早期就能够给客户看到的初级版本。它要能拿得出手，又不至于耗费你太多资源，也无须搞得很复杂。这个初级版本能够帮你澄清客户的真实需求，避免你把时间和资源浪费到不必要的地方。

2. 询问反馈，迭代升级

你把初级版本交给合作方，然后进入冲刺的第二阶段。你可以积极询问合作方的意见，放下防御思维，不要怕被否定，根据反馈不断迭代升级你的产品或方案。

3. 迁移资源或技能

在冲刺阶段，不要忘了盘点一下，你原来的资源和技能有哪些可以迁移到现阶段的工作任务中来。比如，我和出版方签订图书出版合同后，我会制定阶段性的冲刺目标，尽管我不是专业作家，但我发现过往的很多知识和技能都可以迁移，十余年的人力资源和生涯咨询实战经验，使我能够从个人成长的视角剖析职场。

4. 进行复盘

阶段性的冲刺结束后，你得问问自己："我从这一阶段的工作任务中学到了什么？这次的阶段性成果和我当初预想的有无差异？下一个冲刺阶段需要注意什么、提升什么？"这种系统性的复盘，能够帮你校正方向，也可以时刻提醒你去深度思考一些方案策略的利弊。

总之，冲刺思维不要求人们一次就把事情做到位，而是在较短的周期内不断重复"产出最小可交付成果、持续反馈、迭代"这样的循环，并最终交付满足客户需求的产品。

Chapter 4
优势升级：走上高手之路

4.1 指数时代,趋势判断思维有多重要

美国麻省理工学院媒体实验室的前负责人伊藤穰一认为,从20世纪末开始,人类就已经进入了"指数时代"。在"指数时代",技术的变化速度会超过人类的适应速度。

我们每天都在接收大量的信息,这里面蕴含着无数的机遇。但那又怎样?如果你不能精确识别这些信息,对趋势做出正确的判断,就算是机遇摆在面前,也是徒劳的。所以,全面了解并运用"趋势判断思维"异常重要。

人生破局:看得见,看得懂,追得上

"90后"女生萧涵月(化名)从小追求美丽精致的生活方式,她对家居环境的整洁程度有着近乎苛刻的要求。大学毕业后,萧涵月留在了北方某市做技术工作。2015年,她在媒体上看到了日本主妇近藤麻理惠通过独特的家居整理方法成为闻名的整理大师,并被美国《时代》杂志评选为影响世界的100人之一。

一直以来，萧涵月都觉得家居整理不过是一个人的基本生活技能，从来没想到过，这样的技能居然能发展成一个如此美好的职业。那一刻，她感觉像在黑暗中看到了一束光。

从兼职到全职，在向整理师转型的路上，萧涵月遇到的最大困难就是家人的不理解。在他们的观念里，整理师不就是帮人收拾屋子的保姆吗？大学毕业的女孩要放弃体面的技术工作干这个，他们无论如何也接受不了。但面对家人的质疑甚至指责，萧涵月还是咬牙坚持了下来。

她利用业余时间学习专业知识，没有接单的那段日子里，她在自己家、朋友家反反复复演练收纳整理的各种方法和技巧。慢慢地，萧涵月开始有了订单，随着口碑的传播，她的业务量也开始增加。

一开始，她为客户提供家居整理的服务，每小时收费300元，后来又拓展了陪同购物、形象顾问等服务，月入近两万。整理师这份工作带给萧涵月最大的收获就是：她不仅帮客户进行家居整理和收纳，也在引导客户调整自我，养成健康有序的生活方式。整理的过程也是对人生的梳理，这让她特别有成就感和价值感。

如今，萧涵月早已辞掉技术员的工作，全职做整理师。每一个工作日，都是在做自己喜欢的事情，这让她觉得人生无比精彩。萧涵月的经历，印证了"趋势判断思维"在职业发展中的重要作用。

所谓"趋势判断思维"是人在时代趋势中能正确看待现实事物

及由此表现出的行为方式。

"趋势判断思维"通过选择的形式将其价值观付诸事件。看得见，看得懂，追得上，让萧涵月在变局中成功破局。

人的最大壁垒，在自己脑子里

与萧涵月相反，蔡青林（化名）的职业生涯却一直在困局中打转。如果当年没有读"总裁班"，蔡青林现在还是"土豪"一枚。然而，他非常热爱学习，并愿意紧跟趋势。总裁班聚集了不同行业的大小老板，他们经常交流分享项目投资信息。有人张罗了一个儿童教育培训项目，蔡青林抵押了厂房投了钱。

他认为在二胎政策放开的今天，儿童教育培训的前景十分看好。在没有成功运营经验的基础上，项目在北方全面铺开，各地迅速建立起分校，又迅速一败涂地。蔡青林抵押了厂房想干一票大的，结果项目失败，他的厂房也没有了。欠了一身债的他开了一家烧烤店维持生计。我问他："老蔡，你是学过企业管理的，比总裁班那些同学们都懂……"

蔡青林拿着菜谱，眼皮都不抬："管理有什么用？一切取决于实践。要不要来几串酱油筋？今晚特价，才一块五一串儿……"

人的每一次错误，要么是对趋势做出了误判，要么是在正确的趋势中表现出错误的行为方式，这些都会让你陷入困局。所以，在不断发展变化的时代，能力和勤奋固然重要，但还需要掌握住这个时代独有的特点。伊藤穰一提出,指数时代有三个特点:一是不对称性,二是复杂性,三是不确定性。

1. 不对称性

不对称性是指"以小博大"。过去,以小博大经常出现在投机领域,指用小成本换来大价值。在指数时代,以小博大被有识之士广泛用在了生产经营中,借力发力,四两拨千斤。它打破了人们的惯性思维:体量决定一切,规模大的企业会战胜规模小的企业。在指数时代,经常会出现以小博大的反例。

比如,传统媒体与新媒体。在过去不到十年的时间里,传统媒体在传播方式和技术方面都被新媒体远远地甩在了后面。一些初创的新媒体公司,可能只有几个人、十几个人,但其战斗力却不容小觑。他们通过互动传播为受众提供个性化内容,极大地影响了人们的生活方式甚至舆论的走向。

为什么会出现这样的不对称性?归根结底是互联网让一些边缘的、小众的东西可以瞬间聚集力量。一家初创小公司,可能会颠覆一个行业。

2. 复杂性

不对称性导致的结果就是复杂性,即世界处在一个复杂的系统里,各个事物的头绪多而杂,且相互影响,难以分析。过去,复杂系统的演化并不快。就拿诺基亚公司来说,它成立于 1865 年,从伐木、造纸等领域到成为手机制造商,并在长达 14 年的时间里保持手机市场霸主地位。诺基亚的衰落是从智能手机研发的落后开始的。从2012年第一季度手机销量被三星超越到2014年4月完成与微软公司的手机业务交易，正式退出手机市场，不过短短两年的时间。

诺基亚的兴衰充分说明，受互联网的影响，我们面对的系统的复杂性，比以往任何一个年代演化得都快。

3．不确定性

不确定性是指对于未来的状态不能确知。十年前，我所在的集团公司与国内某知名咨询合公司作管理咨询项目，对方为集团设计了长达十年的战略规划。现在看来，除了最开始那一两年执行得有板有眼，其他的早已在时代的变化中面目全非。因为，你永远不知道下一秒会发生什么。

你也许会问："不对称性、复杂性、不确定性和我有什么关系？我就是个普通的职场'小萌新'！"事实上，指数时代的这三个特点，直接关乎我们的未来去向。在这个快速发展变化的时代，人们已经不能根据过去的事情来判断未来某件事情的发生概率。越来越多的事情不可预测，时代推着我们必须去面对这个问题。

在无法预测未来的前提下，无论是商业经营还是个人职业规划，你的趋势判断思维将决定你在时代的洪流中是折戟沉沙还是逐浪潮头。

如何用趋势判断思维应对知识全面扩容的未来

将视角转回职场。在指数时代，如果未来是不可预测的，我们该如何制定职业发展规划呢？答案是：没有标准的答案。但是我们可以换一种视角，如果没有标准答案，至少有我们可以参考的原则。

1. 概数大于确数

概数是指大概准确的数字；确数就是指准确的数字。用在这里是指，基于未来的不确定性，你不可能拿到一张确定的职业规划蓝图，一路顺顺利利走到终点。职业规划更像是一个方向图，你能做的是，借助这个方向图，在探索中不断纠偏调整。

2. 学会承受"不致命"的风险

不少人职业发展失败不是缺少机会，而是看到了机会，没追上。他们希望把百分百的安全系数带上路，一有风险就后退，最后只能原地踏步。

实际上，防范风险最好的办法不是零风险，而是学会承受小的风险。你可以这样理解"小风险"：像疫苗一样，有副作用但不致命，而且会不断刺激你的免疫系统。

3. 用实践检验认知

理论陈旧得太快，所有的理论都试图告诉你这个世界是什么样的，但你要想看到世界真实的模样，最简单可行的办法是：小步试错，先搞起来再说，在实践中检验对错，调整认知。

4. 拿出久久为功的韧劲

"古之立大事者,不惟有超世之才,亦必有坚忍不拔之志。"在指数时代,韧劲体现的是化解风险、保持应变的能力。有足够韧劲的人不仅能顺利从失败中恢复过来,还能笑着坚持到最后。

如果用趋势判断思维复盘一下你此前的职业生涯,曾经让你困惑的一切,可能会变得更加简单通透。再用趋势判断思维往未来推进十年,你会发现,未来的十年会是一个知识全面扩容的十年。

从来就没有一劳永逸的进步。李开复说:"在与强大的人工智能竞争的过程中,人类必须变成创新型学习者,无论是理工科学的发明,还是人文艺术的创意,否则将会被机器无情取代。"在这样的趋势中,我们每个人,真的需要好好修炼自己的趋势判断思维。

4.2　为什么不要随意跳出舒适区

"舒适区"这个概念,很多人都听说过。它指人经常性表现出来的思维习惯和行为模式。人在这个区域里会感到熟悉、放松、舒适,因为很多事情都在自己的掌控之下。不少人认为,人要变得更好就必须克服内心的恐惧走出舒适区,到自己不舒服的地方去。

做生涯咨询时,经常遇到一些隔三岔五地换工作的来访者,问他们为什么频繁换工作,不少人给出的原因是:"逃离舒适区才能更好地成长。"

我发现人要想变得更好,取决于人的状态与环境是否适配。舒适区最大的作用是"避风港",它能让人情绪稳定、远离焦虑。实际上,不少人的职业成就是在舒适区取得的。正确认知舒适区,就已经迈开了让自己成长的第一步。

处于舒适区未必是坏事

河南浚县有个叫宋楷战的手艺人,他是中国非物质文化遗产"泥咕咕"(浚县民间泥塑小玩具)的传承人。宋楷战小的时候没有玩具，便经常玩泥巴，做泥咕咕。他做泥咕咕捏什么像什么，赶上庙会时还能拿去卖了赚点零花钱。

初中以后，随着课业负担的增加，父母不允许他做泥咕咕了，他便躲在房间里偷偷做。有一次，父亲发现了他藏在床底下的泥咕咕，一气之下，将他所有的泥咕咕都摔得粉碎。但这并没有阻挡他对泥咕咕这门手艺的热爱。初中毕业后，宋楷战尝试着做了很多种工作，但总是感觉那些工作不是自己擅长的，也不是自己想要的。

2006年，随着泥咕咕被国家列入非物质文化遗产名录，宋楷战迎来了人生的重大转机，他被评为泥咕咕的传承人。之后，他开始一头扎进这个自己无比擅长的领域，一门心思研究起泥咕咕。

他组建了一个小团队，开发了泥咕咕系列产品，解决了村里不少人的就业问题，创造了可观的经济效益。他还以农民艺术家的身份被大学聘为客座教授，在大学推广中国的传统文化。宋楷战无疑赶上了一个好时代。但是，如果没有当初对这门手艺的坚持，他也无法接住时代抛来的橄榄枝。

这让我想起做生涯咨询时遇到的一些来访者。他们认为一件事做得很熟练就没意思了，这时要跳出舒适区，去另外一个领域尝试。我不同意这个观点。

职场十几年，我发现不少待在舒适区，坚持做自己擅长的事情的人，做得越久，在这个领域就越独特，也就越容易取得成功。你也许会问："世界是变化的，待在舒适区不求变化，岂不是要被时代淘汰？"

是的，没错，人类的每一次重大进步，都是在探索舒适区以外的可能性。可以说，探索新的可能性是人类的天性。而我说的待在舒适区也能取得成功就在于此：正确唤醒你大脑里的探索系统，寻找更多可能性。注意，是正确地唤醒，而不是随意地唤醒。

无为还是有为？舒适还是焦虑？

在人类大脑的前额叶皮层和腹侧纹状体之间分布着一片神经网络，它是人类的探索系统。这套系统的作用，是使人们感觉接下来要做的事情充满意义，激发人们对外探索的欲望，让人们主动离开舒适区。探索系统，就是人类保持进取的精神发动机。但是探索系统并非无懈可击，它也有弱点。

伦敦商学院组织行为学教授丹尼尔·凯布尔曾经总结了人类大脑探索系统的三个弱点：厌恶约束、惧怕惩罚、放大恐惧。

吴启辰（化名）是一家大公司的技术经理，后来被一家创业公司高薪聘请做技术总监。他认为努力为自己的职业探索更多的可能性，才能保持进步。

刚入职的时候，他激情满满，但时间长了，他就厌烦了。他发现受限于公司规模，自己的很多"招式"在新公司都用不上。他感觉处处受限，无法施展，就丧失了刚入职时的热情，最后离开了这家公司。

吴启辰的经历并非个案。也就是说，人一旦受到外力约束，探索系统的活跃度就会大大降低。

董予宁（化名）在一家上市医疗机构工作，收入不错还很稳定。有一次，他参加创投俱乐部组织的活动，看到年轻人的路演，突然感到自己的创业之火也被点燃，仿佛有一种使命在感召自己。

他不顾家人的反对，辞职加入了一个创业团队，经过辛苦打拼，一年后本钱亏尽，创业失败。失败没有让他一蹶不振，倒是来自家人的责备让他承受了人生中最艰难的时刻，他甚至一度抑郁。后来，他找了份工作，掐灭了创业的火苗。

探索系统并不害怕失败，它也能承担失败带来的挫败感，但是它害怕惩罚，特别是当惩罚来自亲密关系时，人们的探索欲会极大地降低。

惩罚会引发一系列连锁反应，这就是探索系统的第三个弱点，它会不自觉地放大恐惧。董予宁创业失败，亏掉了他和妻子的所有积蓄，妻子絮絮叨叨，总是旧事重提。这件事，给他造成了心理阴影。他警告自己，安分守己，好好工作，不要心存妄念。一次，有个朋友提出合伙做一个项目，他本能地回绝了。他发现自己再也没有当初的探索欲望，他说自己压根不适合创业，一提起创业就本能地恐惧，变得畏首畏尾。

说到这儿，你应该发现，我们以往引以为傲的"跳出舒适区"，虽然在一定程度上让人类获得了更多的生存优势，但是过度地强调跳出舒适区是一种冒进的策略，它很容易让人跳进能力的陷阱。

有些陷阱，你可能会爬出来；而有些陷阱爬不出来，你的人生便开始倒退。

当然，人们不会放任人生倒退。于是，不少人选择了待在舒适区唤醒探索系统，让人生蓬勃向上，拥有更多可能性。

如何利用舒适区唤醒"探索系统"

待在舒适区里唤醒探索系统，这个方法非常适合手艺人。提起手艺人，人们马上想到的是各类工匠，比如，厨师、木匠、铁匠、瓦匠等。其实，现今手艺人的概念已经非常广泛，只要娴于一技，并以此为生，都可以称为手艺人。

"得到"App 创始人罗振宇曾经否定掉贴在他身上的很多标签，最终选择了"手艺人"这个身份。他说："我不是老师，不是文艺青年，我是手艺人，有自己的专业，我的专业叫'知识转述'。"

在舒适区唤醒探索系统有两个方法：

1. 强化长板优势

你可以通过成就事件法，看到自己独特的优势。具体步骤如下：在一张白纸上，写下你做过的最有成就感的三件事，以及这些事为什么让你有成就感。描述得越详细越好。写完之后，从这些成就事件中提炼你运用到的能力、展现出来的品质，并在以后的工作中刻意使用这项能力，使能力不断被强化。一旦你感受到自己的优势，你就总是会想运用它，探索系统就会被唤醒。

2. 建立危险隔离区

什么是危险隔离区呢？举个例子就很容易理解了。

来访者白佳林（化名）是一所职业技术学院的老师，她厌倦了按照学校的时间表机械化上班的日子。她心理学底子不错，几年前还考了心理咨询师的证书，她希望自己将来能靠心理学的专长做自由职业。

白佳林的本职工作虽然不轻松，但也不算太累；工资虽然不高，但是福利健全。她不想因为一时的冒进丢掉工作，所以决定以最小的试错成本去尝试新领域。她利用业余时间与平台合作，接线上心理咨询的订单，同时给一些心理学公众号撰稿。目前副业的收入已经达到主业的四成。

她给自己定的目标是，一旦副业收入达到主业的八成，就可以考虑辞职来做。这就是危险隔离区。在这个隔离区里，你可以充分证明自己。即使失败，也不需要承担多么严重的后果。在这里，探索系统惧怕惩罚、放大恐惧的弱点会缩小，它会重新活跃起来。

实际上，每一份工作，都无法让你收获一个完美的选择。无论做什么工作，你都要遵循核心竞争力原则。所谓核心竞争力，你可以简单地理解为：一件事 100 个人干，你能处在前 10 名。如果你能找到一两件这样的事，这就是你安身立命的根本。

你很擅长它，它就是你的舒适区，千万不要轻易放弃它。你不再做你擅长的事情，你就不是你了。你纵身一跳那一刻，对面可能是高楼，也可能是深沟。有些跳跃，让你今生再无机会回头！

4.3 内向者，怎样才能脱颖而出

瑞士心理学家荣格在 1921 年出版的《心理类型学》一书中提出了内倾型和外倾型这两种性格类型。荣格认为，内倾型（内向型）的人，重视主观世界，好沉思，善内省，常常沉浸在自我欣赏和陶醉之中，孤僻，缺乏自信，易害羞，冷漠，寡言，较难适应环境的变化。

性格是一个人较为稳定的心理特征，很难改变。但是我们可以在了解自己以后，想办法改变工作方法，尽可能做一些积极有效的改变。

被低估的内向者，为什么你的存在感这么弱

公司搞一个促销活动，成立了临时项目小组，展厅和宣传展板需要设计。项目负责人老何到设计部借调员工，设计部把海嘉（化名）派了过去。老何对海嘉没有太深刻的印象，只记得是刚来半年的新人，如果不是设计部负责人介绍了海嘉的情况，他连海嘉的名字都忘记了。

老何有点不满：那么多优秀的设计师不派给我，偏偏指派给我一个默默无闻的"新兵"。他想跟设计部协调，换个精明强干的老员工，但是被设计部负责人以"老员工都在项目上"为由搪塞了回来。

海嘉干活很卖力，这点倒是出乎老何的意料，只是她太内向了，平时少言寡语，与同事们欠缺沟通。有次海嘉生病请了一天假，第二天早上开会时，海嘉满脸歉意地解释道，耽误的那部分工作会加班赶上，不会影响总体进度。如果不是她说自己请了一天假，很多同事根本就没注意到她消失了一天。她每天都是悄悄地来，静静地走，就连生病缺勤也毫无存在感，无人问津。

直到海嘉展示设计成果时，老何不禁暗自赞叹：海嘉是个人才啊！她的设计风格轻快明朗，最大的亮点是，除了平面设计，她还擅长手绘和漫画。她在儿童区布置了多幅俏皮可爱的漫画，这些漫画都是她原创的。借调结束时，老何给海嘉的评语是："极强的创作能力，不计得失的奉献精神。但是适当的时候也要展现一下自己，不然别人根本不知道你做出了哪些成绩。"

生活中，像海嘉一样有才华的年轻人还真不少。他们往往工作能力不错，也很勤勉，可是存在感总是很弱，经常被领导或老员工忽视。很多人称他们为"隐形人"。

这类型的人，通常性格都比较内向。我给海嘉做职业辅导时，她对我说，自己平时特别"宅"。休息的时候宁可在家追剧、看书、画漫画，也不愿意参加社交活动。公司组织的团建，她能躲就躲，她觉得在人多的地方待着特别耗能，特别疲惫。海嘉很苦恼，她不想因为性格内向，活成一个"小透明"。

内向者的工作挑战

心理学研究表明，无论是内向还是外向，它都只是性格偏好，并不影响一个人的职业成就。很多世界名人都是内向者，比如，股神巴菲特、美国前总统奥巴马、微软创始人比尔·盖茨等等。这表明，性格内向的人，也可以成为非常卓越的领导者。

但是，一个人过于内向的话，就特别容易被边缘化。如果说独处是自我发现之旅，那么社交则是自我实现的渠道，社会和人际交往反映了一个人的外在价值。

一个内向型的人在工作中会遇到一些挑战：

1. 被别人误认为是无能之辈

对于不熟悉的人，人们往往会通过表象对这个人做一个初步的判断。如果你不会展示自己的成就，就很容易被别人误认为是无能之辈。

早些年，我有个下属，性格特别内向，如果不是我最得力的助手推荐她，我可能根本不会考虑在集团人力资源部给她安排重要的职位。正式下达调令前，我跟她有过一次深谈，然后发现，她对工作有颇为独到的见解。特别是在一些落地执行的环节上，她的建议都非常可行。调到集团后，我经常把一些重要的工作交给她，她也慢慢崭露头角。但一开始，她的才华差点被埋没。

所以，当我们总是抱怨自己一身本领却不被领导赏识时，也该反思一下：你有没有向领导展示过你作为"千里马"的实力。

2．质疑自己

通常，内向的人不太懂得拒绝别人。尽管有时候他们的工作已经饱和，但是对于领导安排的工作任务或同事的请求，他们都很难拒绝。这种矛盾的心理和超量的工作任务，会给他们带来极大的工作压力，当他们在高压的情境下，没有把工作完成好时，就开始质疑自己的能力。

3．可能丧失一些职业机会

内向的人通常不太擅长处理人际关系，特别是在一个新环境，他们往往会感觉到不自在，不愿意展示自己。他们习惯把自己封闭在一个较为熟悉、安全的环境里，他们乐于独处而不喜欢"群居"。过窄的交际面，往往会让他们丧失一些职业机会。

4．没有存在感，经常被人们忽略

内向的人往往喜欢躲在"角落"，他们不想成为大家关注的"焦点"。所以，很常见的情况就是，你越躲藏，就越没有存在感，直到被大家完全忽略。如果人们提起你时一脸问号："谁？没有印象啊！""哦，知道了，××部门新来的那个，名字我想不起来了。"这样的职场"小透明"，很难有被委以重任的机会。特别是刚进入新公司或新部门，你业务不熟悉、流程不熟悉、要是连人脉都不熟络的话，就会被迅速边缘化。

脸书的COO桑德伯格在她的自传《向前一步》中也提到了这样的观点：往桌前坐。如果我们不站到"桌前"展示自己，那么机会就会旁落别家，我们的价值就无从体现。

如何提高你的存在感

你有没有观察过身边的同事？有的人一开口，就吸引了别人的注意力，让人无法忽视，这就是存在感。提升存在感，可以帮助你获得认可，升职加薪。

那么，内向者怎样才能提高存在感，在工作中脱颖而出呢？其实，无论是内向性格还是外向性格都是可以管理的。成功者就是能把弱点变成优势。你可以尝试用以下的方法管理内向性格：

1. 给自己设置一些有挑战性的工作场景

设置有挑战性的工作场景意味着你要能够放眼舒适区之外。海嘉的舒适区是"宅"，她觉得躺在沙发上吃薯片、追剧、看书比参加社交活动舒服多了。这样的生活没什么不好。但是职场是遵循着人际关系运转的巨大机器，它不会像家里那样温情脉脉，它有时很残酷。所以，我们需要依靠强大的理性，给自己设置一些有挑战性的场景。比如，不擅长社交，就要给自己设置一些有社交活动的场景。慢慢推着自己去放松，去适应。一旦突破了自我限定，可能就迎来了全新的机会。

2. 提前做好准备

内向型的职场人，会在公开场合感觉压力很大，比如开会、公开演讲、社交酒会等。如果你提前做了充足的准备，对答案很熟悉，就会大大降低自己的紧张程度。

2006年，我参加了国际职业培训师的认证培训。那个培训每学完一个模块的内容，就要上台做三分钟展示。第一次上台时我紧张得大脑一片空白，嗓音都颤抖了，一边说着上句，一边想着下句说什么。晚上回到酒店后，我把教材里需要做展示的部分重点标注出来，列出了演讲大纲，对着镜子练习了很多遍。

后面的几天，我发挥得越来越好，因为准备得比较充分，上台就不慌乱了。同样的道理，内向者不擅长临场发挥，他们遇到的很多问题都是由于自己对所要面临的情况不熟悉，所以才产生了慌乱情绪。因此，内向者要应对压力，首先就是要做好准备工作。

3. 带着解决方案找上司

很多职场新人希望早点做出成绩来证明自己。其实，你的业绩并不一定要轰轰烈烈的，一些可以迅速做出的小成果也可以让上司注意到你。无论是大成果还是小成果，它都意味着你向上司交付的是解决方案。如果你能够做出两套以上方案给上司选择，那就更出彩了。有技巧地展示自己，才能在职场快速立足。

莫泊桑说过，人的一生，既没有想象的那么好，也没有那么坏。生活中，我们不可能完全顺从自己的本性，总是要做出妥协和让步，在不断磨合中适应环境。

4.4 动态博弈，你能为自己争取多少利益

为什么你的起薪总是自己的"底线"

嘉贺（化名）的前老板是个工作狂，而且特别会压榨员工。他会在下班前开会或布置工作任务，让人不得不加班加点才能完成工作。他经常会把嘉贺出差的时间安排在晚上。乘坐一夜火车第二天就能抵达目的地，办完事再乘坐返程的夜车回来，早上下火车还不耽误上班。

他精明地计算着花在员工身上的每一分钱，并希望员工能像他一样，对工作充满发自肺腑的热爱。嘉贺最不喜欢的是公司的氛围，在这里，每个人都过着"提心吊胆"的日子。公司将办公区划分为A、B、C三个区域。业绩最好的员工在A区，业绩中游的在B区，业绩最差的在C区。

每个季度根据业绩排名，员工的座位会重新调整。嘉贺的座位一直在A区和B区间移动，从没进过C区。但他亲眼看见过C区员工像颗弃子般的压抑、无奈、愤怒及被迫离职。尽管公司从来不

会主动说"解雇"这两个字。

最早,他像其他人一样希望好好做业绩,等着升职加薪,每天拖着沉重的步伐,不停地加班加点。渐渐地,他开始对这样的组织氛围感到厌倦。嘉贺决定换一份工作,考虑到新工作的不确定性,为了稳妥起见,他事先做了一些准备工作。特别是关于薪酬谈判方面,他给自己设定了一个底线,一旦对方给出的薪水低于这个底线,自己绝对不会跳槽。

经过几番筛选,有一家公司对嘉贺的能力比较满意,嘉贺对这家公司也比较感兴趣,接下来开始谈薪酬。对方问他的薪资要求。嘉贺说出自己目前的工资标准,并希望到这家公司后能在原工资基础上加2000元。对方只同意给嘉贺多加500元。嘉贺考虑了两天,觉得没有低于自己的底线,就答应了对方。

入职后嘉贺才知道,与他一同上岗的几个同事,薪水比他高一到2000元。公司有涨薪的政策,每年涨幅5%—8%,由于嘉贺的工资基数没有那几个同事高,所以薪水一直处于中下游的水平。嘉贺搞不明白,论能力自己不比同事差,怎么入职时起薪定这么低?

后来与人事部的同事混熟了,人家私下告诉他,招聘定薪时部门经理掌握着一定的浮动权限,你自己不主动争取,就只能接受较低的起薪了。跳槽的第四年,嘉贺决定再换一家公司,考虑到之前薪酬谈判时吃过的亏,他不知道这回的薪酬谈判该怎么开口,才能为自己争取尽可能多的利益。

嘉贺在之前的面试中所采用的薪酬谈判策略是很多求职者都会用到的。也就是说，在谈判前，先为自己设定一个底线，再预估对方的底线，然后为自己争取最大的利益，这其实是一种静态博弈的策略。

静态博弈有一个最大的误区：即便对方给出的价格可以接受，但交易双方总忍不住讲价、比价。比如，嘉贺希望在原来工资的基础上加两千，这个标准面试官可以接受，但他仍然通过谈判把涨幅降到了五百块；嘉贺给自己定的底线是不低于原来的工资标准，尽管面试官给他加了五百块，他入职后仍然忍不住后悔自己当初怎么没多争取一点。

这就有点像我们在菜场买菜，卖家希望价格越高越好，买家希望价格越低越好。一番拉锯战，终于有一方做出了妥协让步，谈判仿佛成了一场意志的较量。

薪酬谈判，是一个动态博弈的过程

我们都知道，一旦上了谈判桌，你提出了薪资要求之后，用人单位可以随时改变预期和合作意向，这其实就是一个动态博弈的过程。哈佛商学院教授迈克尔·惠勒教授说："成功的谈判是由一连串小小的认同达成的，你需要判断对方的利益点。"比如，跟领导提加薪时，你不能只在乎这次谈判领导必须给你加多少钱，还要顾及未来你与领导的关系。谈判要有转圜的余地，超过了这个转圜的余地，就容易谈崩。

我的来访者老白，有一次收到业内一家非常有名的企业的面试邀约，他特别欣喜地赶过去面试。几轮面试下来，双方都有进一步的合作意向，接下来开始谈薪酬。

这家企业的工资中年终奖占比很大，所以固定工资比老白的预期低一些。老白认为年终奖具有不确定性，所以希望多争取一些固定工资。谈判下来，对方答应了老白的要求。之后面试官问老白："你还有什么问题要问我的吗？"

老白说："我目前在职，手头还有个项目，希望公司能准许我两个月后报到。"面试官沉默了一会儿说："这件事我需要跟领导汇报后再做定夺，晚几天答复你。"几天后，老白收到了对方的电话，这个岗位已经招聘到了合适的人选。对方客气地表示："你很优秀，以后有机会再合作。"

其实在整个谈判过程中，老白的进展是很顺利的，他为自己争取到了更多的固定工资。另外，那家企业无论是行业影响力还是员工福利，都比他现在的企业好。老白之所以要求两个月后入职，是因为他希望在原公司拿完季度奖再走人。事后他非常自责，已经谋到了那么好的工作机会，见好就收呗，非要那么贪心。

在薪酬谈判中，很多人都明白"见好就收"的道理，但到底什么是"好"，好到什么程度该"收"，大多数人都把握不好这个尺度。这其实需要我们判断：在谈判中，如果你想争取更多的利益，那么往前走一步能够争取多少？谈拢的可能性有多大？谈崩的可能性有多大？如果谈崩了，对你的损失有多大？对于那些不是十分心仪的职业机会，你可以大胆去试探，为自己争取利益。但对于非达成不可的交易，你必须谨慎地判断交易双方能够转圜的余地。

怎样才能更好地达成一致

在动态博弈中，怎样才能更好地达成一致呢？迈克尔·惠勒教授认为，学会识别"等效交易"是一个非常实用的方法。等效交易就是和你预期的基准交易相比，一些方面不如基准交易，但在另外一些方面比基准交易好，总的来说和你预期的基准交易差不多的交易。举个例子：

过节了，公司发福利，你想要的是 A 方案：豆油＋大米＋一箱牛奶。现在 A 方案中的牛奶备货不足，换成 B 方案也可以：豆油＋大米＋熟食提货券，你认为熟食提货券比牛奶要好。那么牛奶和熟食提货券就是等效交易。

放在薪酬谈判中，如果我们能够学会识别等效交易，就会拥有更多的机会，谋取更多的利益。我有个来访者苏琳（化名），在一家外资企业上班，虽然苏琳对于现在的薪酬还算满意，但是由于晋升空间有限，她也在留意更好的工作机会。最近，猎头公司联系苏琳，为她推荐了一个工作机会。为了稳妥起见，我和苏琳一起制定了一个薪酬谈判方案。

苏林希望跳槽的话，自己的薪水能够上浮 20%。所以我们把她薪水上浮 20% 之后的年度工资收入 30 万元和基本福利作为基准交易。如果对方不能直接给到这个工资标准，可以从福利、期权、职位等方面要求对方做更多的让渡。

比如，方案一：年工资收入 30 万元 + 基本福利；

方案二：年工资收入 20 万元 + 部分股权 + 基本福利；

方案三：年工资收入 40 万元，可以接受较少福利和经常加班。

……

这几个方案的制定，其实就是参照了迈克尔·惠勒教授的等效交易原则。通常人们在薪酬谈判时都会把目光聚焦在工资标准上。实际上，如果对方不能满足我们对工资的期待，还可以从其他方面得到补偿，这样就能从多个角度为自己争取利益。

每个求职者都希望在薪酬谈判中获得更高的薪水，但有时我们既缺乏力量，又不够决断，这种追逐的结果必然是痛苦多于欢乐。所以，在薪酬谈判中，准确地识别"等效交易"对成功谈判至关重要。

每个人都对你说要找到方向，你要思考自己真正想要的是什么。谈工作不仅仅是谈工资，更应该谈机会。正如托·富勒所言："一个明智的人总是抓住机遇，把它变成美好的未来。"

4.5 最高级的稳定，是拥有复盘能力

身为上班族的你，有没有遇到过这样的困惑：感觉很迷茫，不知道自己喜欢做什么。换了几次工作，还是没能找到自己喜欢的方向，依然在基层岗位打转转。这个时候你应该干什么？裸辞出来寻找诗和远方吗？抱怨运气太差没有机遇垂青于你吗？

错！这时候你最应该做的，只有一件事：在清醒、冷静的状态下，来一次职业生涯"复盘"之旅。职场十几年，我发现，那些取得较大职业成就的人，普遍具有较强的从经验中学习的能力。他们擅长从过去发生的事情中萃取价值，这就是复盘能力。复盘，是围棋术语，也称"复局"，指对局完毕后，复演该盘棋的记录，以检查对局中招法的优劣与得失。通俗来说，就是在头脑中对过去所做的事情重新"过"一遍。

在困局中备受考验的复盘能力

我的来访者夏岚（化名）是一位"90后"。工作五年多一直没有太大进步。最近，夏岚裸辞重新求职，但屡屡受挫。她不知道该

往哪个方向发展,希望借助生涯规划的帮助,找到自己想去的方向。

夏岚说,坐吃山空的这段日子里,她越来越没有安全感,她迫切地渴望稳定。

我问夏岚:"你上一份工作总体来说不是挺稳定吗?"

夏岚说:"稳定,但那份工作不是自己喜欢的。"

我问她:"那你喜欢什么样的工作呢?"

夏岚想了想说:"一直在尝试,但这么多年过去了,还是没找到自己喜欢的工作。"

我仔细分析了夏岚的简历,在五年多的职业生涯里,她陆陆续续换了六份工作,每份工作的领域都不一样,跨度特别大。夏岚的上一份工作是数据分析师,是她做得时间最长的一份工作,差不多三年。之所以坚持了这么长时间,是因为经过之前一系列的试错,她发现,在她尝试的众多工作类型里,技术类的工作薪水相对高一点。但是每天"上班如上坟",对于这份工作她总是提不起精神,最终还是忍不住裸辞了。再一次踏上求职之路让她心力交瘁,尝试了很多方向,投递了很多简历,还是无果。

她说,一晃毕业五年多,眼看着当年一同步入职场的同学们,要么走上了管理岗位,要么在技术领域做得很扎实,而自己到现在都不清楚未来的方向在哪儿,一想到这里,她就特别着急。

生活中,你总会发现这样一类人:他们不喜欢现在的工作,就盲目地切换工作领域,但在出发前,他们连方向都没找到。不同领域的试错，让他们付出了高昂的代价。随着时间的推移，除了工龄增长了，他们的能力似乎没多大长进。

为什么会这样呢？其实，造成这种职业困局的最大原因在于：他们从来没有停下来认真地沉淀自己的经验，审视自己的职业生涯。这其实考验的是一个人的复盘能力。

复盘的人生，才能翻盘

柳传志说："在这些年的管理工作和自我成长中，'复盘'是最令我受益的工具之一。"

从上一段职业生涯中，总结成功经验，吸取失败教训，这就是生涯复盘。其实，我们每个人对于复盘都不陌生，在日常工作生活中，我们都在自觉不自觉地使用复盘这种方法。

老板交代一项工作任务，复命时，你发现老板拿着你的方案皱了皱眉没说什么。你就会想：老板好像不太满意，是不是这个方案做得不太好？我当时是基于这样的理念设计的方案，一二三四部分，还有哪些可以做得更好？

有个朋友，很长时间不给你的朋友圈点赞了。你开始回想，我们上一次互动是什么时候？之后发生了什么事情？这件事是不是影响了我们之间的关系？

培训结束后，你回顾一整天的学习内容，一边整理笔记，一边思考这次培训带给你的收获，有哪些知识可以应用到工作和生活中。

……

凡此种种，其实都是我们在使用复盘的方法，只是很多时候，我们并没有意识到这就是复盘而已。每一个人，都可以通过复盘自己的职业历程，收获成长。陈中在《复盘：对过去的事情做思维演练》一书中提到，学习有三种途径：1. 向书本学习；2. 向有经验的人学习；3. 自己过去的经验和教训复盘。

这三种途径在提升人的能力方面所起的作用分别是10%、20%和70%。可见，复盘，是提升个人能力的最佳方法。总结是反思的开始，复盘的人生，才能翻盘。不会复盘，很可能工作五年，赶不上别人工作一年。

生涯复盘四步走

回到夏岚的案例中来。按照复盘的流程，我们一起做了如下梳理：

第一步，回顾职业目标

我："你的职业目标是什么？"

夏岚："我的职业目标是找到一份自己喜欢的工作。"

我："这样的描述准确吗？"

夏岚："不准确，特别模糊。"

实际上，喜欢是指人对个体或事物有好感或感兴趣。它可能是一种心血来潮的情绪，也可能是一种稳定的心理倾向。在回顾职业目标时，我们需要知晓：通常我们所说的对于一份工作的喜欢，是指这份工作与我们保持高度的内在一致性。也就是说，符合我们的性格、兴趣、价值观。

第二步，评估择业结果

夏岚的择业结果是：五年多切换不同的领域，也没有找到自己喜欢的工作。现在裸辞重新求职，仍然未果。

因此，在追梦之前，先要为自己的梦想找准方向。

第三步，分析成败原因

是什么原因导致了夏岚屡次求职都未能进入自己喜欢的职业领域？我邀请夏岚跟我一起回顾几个问题：你是什么性格类型？你了解这种性格类型适合的工作特质吗？你有什么兴趣倾向？这些兴趣倾向有什么特点？适合什么样的工作场景？你了解自己的职业价值观吗？你最看重工作中的哪些要素？这些问题，夏岚之前通通没有想清楚。

讨论澄清后，我们达成一致，夏岚之所以一直未能找到自己喜欢的工作，是因为她的自我认知严重不足。对此，我给她做了专项职业测评。

第四步，总结生涯规律

最后一步，也是最重要的一步：总结规律。根据分析，我协助夏岚一起提炼出几条规律：

1.正确的职业选择来自于清晰的自我认知，所以在出发前，要全面了解自己的性格、兴趣、价值观,据此锁定适配度较高的职业领域。

2. 仅是性格、兴趣、价值观的内在适配还不够,胜任能力是一个人进入目标职业的现实保障,所以,还需要进行全面的能力盘点。

3. 做现实的理想主义者。找工作不能仅凭个人喜好,还要考虑现实可能性。

4. 有时候,你不喜欢现在的工作,不是由于工作不适合你,而是你的技能水平达不到工作标准而导致职业适应力出了问题。这个时候,最重要的不是换工作,而是修炼技能。

5. 如果你找到了自己喜欢的职业方向,但由于能力原因,一时还不能进入状态,那么,先做好手头的工作也不失为一种明智的选择。

因为,大多数岗位的通用技能(可迁移技能)差别不大。一个领域的高手,更容易迁移到另一个领域。从山顶起跳,你起码也能落到山腰。在职业生涯的发展中,漫无目的地试错,永远不是最好的方式。所谓稳定,也不过是复盘之后不断升级的"谋局"能力。

雷军曾经说过,不要用战术的勤奋来掩盖战略的懒惰。换句话说,做好生涯复盘就是人生当中有技巧的战略勤奋。通过复盘,不但可以发现问题、总结反思、解决问题,还可以把经验转化为能力,让自己不断迭代,最终实现职场跃迁。

Chapter 5
兴趣变现：让有趣的生命扑面而来

5.1 兴趣比你会说话，找到成长的突破点

每年春节假期结束后，都会有一波求职高峰，特别是到了三、四月份，人才市场供需两旺，俗称"金三银四"。

我整理了一下去年的一对一生涯咨询个案，发现有不少来访者在年后求职时都会有这样的心态：目前的工作不是自己喜欢的，但是做了一些年头，积累了不少经验，有自己的兴趣爱好，不知道能不能将兴趣爱好发展成职业方向？

很多人都说，兴趣是最好的老师，坚持去做你喜欢的事吧！但也有另外一个声音时时刻刻在提醒他们：现在的工作挺好，起码赚钱养家没问题，贸然放弃有什么好？万一失败了呢？在两难中，他们摇摆不定。那么，该不该根据兴趣爱好来找工作呢？

不要让兴趣爱好左右了你的职业选择

兴趣爱好和职业有非常大的区别，所以并不是所有的兴趣爱好都能发展成为职业方向。我有两个来访者小 A 和小 B，他们都有本

职工作，但同时又都爱好写作。他们是某个写作训练营的同期学友。

小A业余时间在各大自媒体平台上写作，他很懂得读者的需求，会根据读者的需求反推自己应该输出什么样的内容，所以经常写出阅读量不错的爆文。后来，小A辞掉了原来的会计工作，靠这个写作技能调整了职业方向，谋得了一个不错的新媒体编辑岗位。

小B也会在业余时间写点东西，但不够持续，而且输出的内容都是从自己的视角出发，写的都是自己的所思所悟。尽管他也有一些读者，但他并没有靠写作创造商业价值。可以说，小A有一个写作爱好，而且还把它变成了一个不错的职业。而小B，也有一个写作爱好，但仅仅是个爱好而已。这也印证兴趣爱好和职业的第一个不同之处：本质不同。

兴趣爱好和职业最根本的区别在于，兴趣爱好的本质是自娱自乐，而职业的本质是交换。

职业是参与社会分工，利用自身的技能专长，为社会创造价值，获取合理报酬，作为物质生活来源，并满足精神需求的工作。能否获取合理的报酬，取决于你能否为社会创造价值，所以职业的本质是交换，是你在服务社会过程中的交换。而兴趣爱好的服务对象是自己，社会需要不需要没有关系，你自己喜欢就好。如果没有把兴趣爱好打磨成一项基本的职业技能参与社会分工，那就不太适合以此作为求职方向。

兴趣爱好和职业的另一个区别就是，它们承担的责任不同。

工作赚钱，维持着我们物质生活的运转。也就是说，职业要承担着生存压力。而兴趣爱好就很简单，它不一定能给你带来收益，甚至很多时候你还要倒贴钱，比如，很多年轻人都喜欢旅行，旅行就是一个烧钱的兴趣爱好，除非你成为靠旅行谋生的职业旅行家。

所以，如果你想把兴趣爱好作为求职方向，那就需要考虑，这个兴趣爱好有没有给你创造收益，它给你创造的收益能扛起你的生存线吗？如果答案是否定的，那就说明，它还不适合作为职业方向来探索，起码当下不适合。当然，如果你的家境优渥，不需要考虑生存问题，那就另当别论了。

什么样的兴趣爱好才能发展成职业

到底兴趣爱好达到什么程度才能发展成职业呢？新精英生涯创始人古典老师曾经提出过，**当你把"消费型爱好"变成"生产型爱好"的时候，这个爱好才有可能发展成职业**。简单来说就是消费型爱好以消费有价值的事情为基础，生产型爱好则是以产出价值为基础。

我有个来访者，特别喜欢旅行，她目前的职业是一家教育培训机构的老师。她特别希望能够将旅行这个兴趣爱好发展成职业方向。我问她有没有通过旅行赚到过钱，她说没有。她说虽然旅行花了不少钱，但是自己很享受、很舒服、乐在其中。你看，这其实就是消费型爱好。如果她能够为某些专栏写旅游攻略，从而获取稿酬，那么这种爱好就是生产型爱好。当然，旅行变现的方式不止这一种。

所以，求职之路，如果你总是心心念念放不下自己的兴趣爱好，你可以先判断一下你的兴趣爱好到底属于哪种类型。如果是消费型爱好，你可以琢磨一下它的商业模式，把它变成生产型爱好。另外，更需要关注的是，它产生的价值是否可持续。

兴趣爱好和职业在什么情况下可以两全

在某些情况下，兴趣爱好和职业是可以两全的。比如，年轻时努力工作赚钱，财务自由后不为钱工作，只做自己喜欢的事。

有一类人，非常务实，他们有一个为之痴迷的兴趣爱好，但是当兴趣爱好不能产出价值的时候，他们便会选择一个能养活自己的工作去做，并且把工作做得很好，兑现足够多的财富，财务自由后再去追逐自己热爱的事情。这时候，兴趣爱好和职业兼得，达成两全。

而有些人的爱好，一开始就是生产型的爱好，只是在职业发展初期，这种兴趣爱好的价值并不明显。所以他们耐心地打磨这个爱好，慢慢地，这个爱好就越来越值钱。这点在很多手艺人身上都有体现。

我认识一个做高级成衣的女老板，她年轻时非常喜欢时装设计，但是自己没有本钱开店，所以一开始是给别人做服装设计，慢慢地，手艺打磨得越来越精，之后就开始自己做高级成衣。后来她开了好几家高级成衣定制门店，生意做得很不错。生产型爱好的长久打磨，也会让兴趣爱好和职业得以两全。

很多人在求职时喜欢强调个人的兴趣高于一切。在他们看来，只有做自己感兴趣的工作，才能达到人生目标。实际上，他们从来没有问过自己：我的兴趣是真爱吗？所以，求职时要不要把兴趣爱好作为职业方向，你可以通过以下三个问题来澄清：

第一，这个爱好是消费型爱好还是生产型爱好？

第二，我能否能作为专业选手参与职业竞争？

第三，把这个爱好变成职业以后，能不能养活自己？

"理想很丰满，现实很骨感"，每个职场人都期待找个自己感兴趣的工作，但前提是我们对现实要有清醒的认知。只有深度剖析自己，打磨技能专长，才能帮助我们做好职业选择。

5.2 与"伪兴趣"相伴,才是人生最大的遗憾

木心的诗歌《从前慢》中有句话:"从前的日色变得慢,车、马、邮件都慢,一生只够爱一个人……"

以前的人,感情有裂缝就想修修补补,现在的人,感情有裂缝就想换。我说的不只是感情,工作也是这样,一不喜欢就想换掉。这样很容易陷入一个误区,那就是:只要我愿意尝试,我一定能找到自己喜欢的工作。但事实并非如此。你可能只是被工作表面的光环吸引,但并不是真正了解和喜欢它。你的兴趣只是一时心血来潮,我们称这种兴趣为"伪兴趣"。伪兴趣有两个特点:一是持续时间短,二是遇到压力就"变形"。

将伪兴趣当成真兴趣,表面的努力只是感动了自己

我的来访者白宁(化名),最近纠结要不要备考公务员。

三年前,白宁从一所大学的企业管理专业毕业,这个专业是父母选的,白宁并不喜欢。熬完了本科,白宁打算报考自己喜欢的艺术

学研究生，但考研未果。无奈，她只好接受父母的安排，进入一家企业做经理助理。

经理助理的工作循规蹈矩，企业内外文件的发放、登记、传递、催办、印章管理等等，白宁觉得特别无趣。她还需要为经理粘贴各种出差票据和整理数据报表，由于她对数字不敏感，工作经常出错，没多久，白宁就辞职了。

白宁觉得一份好的工作，薪水未必要有多高，但是起码应该是自己感兴趣的。她觉得老家地方小，机会少，大城市机会多，就跑去深圳闯荡。白宁念念不忘艺术设计，所以在深圳找工作，也是直奔这个方向。由于她既无专业基础，又无实践经验，只能从一些边缘职位做起。

她先后在广告公司做过客服、设计师助理，但是都因为无法适应公司经常加班而辞职。白宁认为，大概是自己并不真的喜欢艺术设计，她想到自己平时爱好摄影，身边的朋友中，就数她单反玩得最棒，这或许能成为一个求职方向。于是她找了一份儿童摄影师助理的工作，主要是协助摄影师上门为满月的宝宝拍照。拍摄期间，要不停地逗宝宝开心、哄宝宝换衣服，由于是在顾客家里拍照，时不时地还要跟顾客拉拉家常。

白宁是个未婚的姑娘，而顾客谈论的话题三句不离育儿经，她根本就接不上话，经常冷场。所以，这份工作没做多久，她又辞职了。之后她找了一家婚纱影楼做摄影师助理，主要工作是协助摄影师在拍摄过程中提供灯光辅助,道具补充。这份工作经常需要"搬搬抬抬"一些摄影器材和道具,白宁觉得女孩子不适合干这样的粗活,没多久又辞职了。

来深圳闯荡,并没有找到合适的工作,几次三番的求职不顺,让白宁焦虑不已。毕业三年,看到有些同学已经在职场崭露头角,她心里酸溜溜的:"要是能找到喜欢的工作,我也能发展得不错。"

真正的兴趣不会让你舒舒服服就拿到结果

白宁的情况和很多职场人如出一辙:工作没做好,那是因为我不喜欢,换个喜欢的工作一切问题就解决了。按照这个思路往外延伸,还能经常看到这样的情境:专业课没学好,那是因为我不喜欢,如果能选择我喜欢的专业,我也是学霸一枚。事实上,大多数人都会有意或无意地将个人行为及其产生的结果进行不准确的归因。当我们在理解自己适合做什么工作的时候,通常会把成功的、良好的一面归因于自身,而把失败的、不良的一面归因于情境或他人。

人们总是觉得,在这个世界上,一定有一种事情是我想做的,我现在的任务就是找到它,然后掉入这个思维陷阱中,变得盲目和焦虑。可是你知道吗?你吃饭的口味会变,你喜欢的人会变,你的兴趣也会变。情窦初开时让你怦然心动的男孩/女孩,你现在还喜欢他/她吗?大多数人可能已经忘了他们的模样。

朱洙在《爱错了,就是青春》中写过一句话:"生活就像一杯可乐,刚倒出瓶口会沸腾，充满生命力，到它再也冒不出气泡，再也没有甜味儿时，它就失去了意义。"工作也一样。你对某个工作的喜欢，未必持久。就像顽皮的小猫被毛线球吸引，但很快就能用美食把它的视线从毛线球中拉回。

你的兴趣，可能是个"伪兴趣"。真正的职业兴趣从来不是能让你舒舒服服就成功拿到结果的。只有那些你愿意全身心投入地去爱，激情四射地去奋斗、去付出，并且不管酸甜苦辣都享受其中的工作，才是你真正的兴趣所在。

把对的人放到对的地方，让对的人去做能胜任的事

美国明尼苏达大学的罗圭斯特和戴维斯曾经提出过强调人境符合的心理学理论——明尼苏达工作适应理论，简单来说就是只有当工作环境能满足个人的需求（内在满意），个人也能满足工作的技能要求（外在满意）时，个人在该工作领域才能够得到持久发展。

那么，问题来了，我们如何才能与工作环境达到"匹配"的状态呢？答案是：没有绝对的匹配，只有相对的适合。

在做生涯咨询师之前，我一直做人力资源管理。招聘时，我们要严格把关，就会用"匹配"的原则去筛选求职者，剔除那些明显不适合的求职者，避免盲目进人。反推过来，这也同样适合求职者。是否喜欢一项工作，取决于这份工作能否让你忠于自我，也就是说，这份工作与你是否契合。所以，你可以通过以下三招，用"匹配"

的原则，剔除那些明显不合适的企业或岗位，避免盲目择业。

1. 人与职位的匹配

这里的匹配不是指知识和技能的匹配，而是指人的内在特质与职位的匹配，也就是你的性格、兴趣与职位的匹配。这需要借助专业的测评工具。性格方面，推荐 MBTI 职业性格测试；兴趣方面，推荐霍兰德职业兴趣测试。

以本文中的白宁为例，她做助理工作时感到万分痛苦，是因为她的性格、兴趣与助理工作都不匹配。白宁热情大方、善言谈，她的 MBTI 性格测试中有较为典型的外倾和直觉型性格代码。这种性格类型的人虽然善于人际交往，但对事情的细节把握不够，所以做助理难免频频出错。

另外，白宁的职业兴趣代码中并没有与助理工作适配的 C 型，所以，与岗位的匹配度不够。这样的话，入职后就出现了难以适应的问题。

2. 能力与岗位的匹配

对于岗位，企业会有明确的胜任要求。当然，不少企业也愿意培养新人。白宁的很多工作就是这样的起点。由于是新人，所以会面临"不擅长"带来的压力。有些人离职是因为不擅长，但他们却把原因推给了"不喜欢"。

对于那些"不擅长"的工作，你要做的不是逃离，而是通过明晰岗位要求，列出自己和岗位要求的能力差，然后制定清晰的阶段性能力提升计划,看看能否通过调整能力结构来适应工作岗位。

3. 人与组织的匹配

人与组织的匹配是指个人的工作价值观与组织文化的匹配。推荐使用舒伯工作价值观测试。本文中白宁离开广告公司是因为总加班,难以适应。

实际上,白宁的核心工作价值观中有一条是"生活方式",即"工作能让我按照我喜欢的方式生活"。白宁希望8小时之外能够保持独立的生活空间,而公司的加班文化自然与这种价值观极不匹配。

所以,有句话说得好:世上没有真正的垃圾,只有放错了地方的宝贝。只有把对的人放到对的地方,让对的人去做能胜任的事,你的职业生涯才能闪闪发光。

在我经手的生涯咨询个案中,我发现一个普遍现象:在面对关乎人生幸福的职业生涯规划这件事上,大多数人麻木又糊涂。很多人在求职时表现得很努力、很勤奋,但却回避了真正困难却更有价值的部分——职业生涯的战略思考和决策。没有深度的思考,做什么都是错的。

同时,我也认为,比找到兴趣更重要的,是经营兴趣。

我们对工作不感兴趣,很多时候,不只是匹配的问题,还有一个重要的原因就是你无法从现在的工作中获得成就感和价值感。这样就形成了一个恶性循环,越没有成就感和价值感就越不喜欢,越不喜欢就越没有成就感和价值感。

喜欢一件事，不一定是天生的，也可以是后天培养的。如果你能够将一种强大的内驱力带入自己所做的工作中，你也一样能收获喜悦。这种内驱力因人因时而异，它可能是对某种因素的执着，也可能是一种情怀。

有些人毕业时很穷，内驱力是经济回报，所以对金钱有着强烈的执着；有些人的内驱力是影响他人，宣扬自己的价值观，这就是一种情怀。

人的本性是好逸恶劳的，所以工作本身是无法让你快乐的，真正能让你产生快乐的是"我把工作做得很好"这件事。

如果有一天你发现，你做这件事比做别的事情都好，你可能慢慢就会爱上它。有了一技之长傍身，你才有底气去尝试新的东西。

5.3 你的能力要配得上你的梦想

王小波说，人的一切痛苦，本质上都是对自己无能的愤怒。你的能力要配得上你的梦想，你如今得到的一切，本质上都是现实与梦想最终妥协的产物。

认识一个朋友，在工作了八年之后辞职创业，一脚踩到了生存线，经过五年沉沉浮浮才终于熬出了头。如果你也想做自己喜欢的工作，希望这篇文章，能让你对"能力"有个清晰的认知。

证明自己最好的方式，是用实力说话而非梦想

我的朋友老白，做了八年销售后辞职开了一家管理咨询公司。问他为什么要选择苦哈哈地创业，老白说："做人要有点梦想，我要做点自己感兴趣的事，不然和咸鱼有什么分别？"

五年前，老白是一家外资模具公司的资深销售工程师，年收入50余万元；创业后，老白成为一个"草台班子"管理咨询公司的CEO，第一年负债30万元。创业三年后，老白公司的账面总算不再是负数，但也仅仅是维持收支平衡，没有结余。靠妻子的收入支撑家里三年，为此，老白没少挨老婆的数落。人前 CEO，人后"创业狗"，摸摸口袋，比脸都干净。

老白说，创业的路太苦，约我见面做"教练辅导"。2016 年夏天，我去挪威大使馆办签证，我们相约在北京见了面。后海的夜色里，琥珀色的鸡尾酒映着老白满面的愁容。老白喝着酒，谈起他的梦想，潸然泪下。刚好老家有个朋友的公司想要请管理咨询公司做战略梳理，我有意帮衬老白，就从中"牵线"，细节让他们自己谈。

老白拿到了这个项目的竞标机会，风尘仆仆地来到了东北。述标结束后，甲方负责人打电话给我，一半认真一半调侃地对我说："老孙，你给我派个陪标的来呀？"我听到"陪标"这两个字的时候，就知道老白出局了。

我给老白打电话，问了他竞标的情形，他跟我说："这个项目涉及的内容模块很多，不仅仅是营销，还涉及人力资源和财务，我们公司擅长的是营销。我向甲方阐释了我们的理念、梦想以及精益求精的情怀……"

我粗暴地打断了他："老白，你工作十余年，难道不知道我们要给客户呈现的是实力，而非梦想和情怀？"人不能没有梦想，否则生命就了无生趣。但光有梦想是不够的，还需要实力来支撑。既然那么想证明自己，那么想做自己喜欢做的事，难道不应该苦练基本功，打磨自己的技能专长吗？

当你贩卖的是梦想和情怀,而不是实力,那么你在"兴趣"之路上是走不远的。人们会为你的实力买单,但没有人愿意为你的梦想和情怀买单。如果你空有兴趣,而没有什么专长,那么就别抱怨当下的工作如此无趣。

你若一无所长,凭什么让人仰望

老白一门心思想创业,想自己当老板,但功夫不到家,在高手如云的管理咨询市场,一个业余选手,要么"陪跑",要么沦为"炮灰"。

老白想不明白:"公司刚刚起步,技术水平还不成熟,难道不应该向客户展示我们的真诚吗?创业是我的梦想,我一定会竭尽全力做好这个项目,请你相信,虽然我们的实力比不上大公司,但我们会用最真诚的心对待客户,你知道吗?"

我给老白泼了一头凉水:"没有实力支撑的真诚,感动的是你自己,而不是客户。"

在商业领域里,客户是否愿意与你合作,取决于你有多么擅长这件事情,而不是你有多么热爱这件事情。

我有个学员,毕业三年,工作一般,想转行做生涯咨询,问我可不可以带带他。他说只要管饭管交通费就行,他可以一边学习一边工作,我拒绝了他。我拒绝他的原因除了他的个性、资历不适合这份工作外,还有一点就是:即便他不要工资,我也要耗费精力来教他,这些时间,无论我是做咨询还是做培训,都会创造出比教他更大的价值。

所以我告诉他,如果你真的对生涯咨询感兴趣,那么就付出足够多的金钱参加这方面的专业化培训学习,同时付出足够多的精力打磨这方面的能力。如果你真的具备了这个领域的基本能力,需要的话,我可以帮你链接资源和推荐工作。

真的,不用逢人就叨叨你那点梦想、那点兴趣,当你能够靠实力背书,就会发现只靠兴趣支撑的情怀和梦想有多么可笑。

想得到你要的东西,最好的办法是让自己配得上它

查理·芒格说:"想得到你要的东西,最好的办法是让自己配得上它。"

回到老白的故事里。老白说:"没想到靠兴趣前行有这么累,还有好多感兴趣的事情没有做,现在做的也没有做好,真是焦虑……"

我直言不讳地告诉老白:"你的焦虑不过是兴趣和能力不匹配,要么调整需求,要么提高能力,就这么简单。"

我帮老白做了一次能力的盘点与梳理。多年来的销售工作,让老白在人际沟通和单兵作战等方面形成了非常明显的优势。但老白也有非常明显的劣势,比如大局观、团队领导力、管理咨询业务技能及资金实力等方面很多不足。

有些劣势是先天和后天环境共同作用的结果,短时间内弥补不了。因此,经过认真考虑,老白最终决定,调整自己的需求。

老白后来做了自由培训师,主讲销售技巧方面的课程。一开始

和平台合作，课酬也不高，刚出道每天课酬 2 千~3 千的样子。但由于是新人，排课量少，一个月下来也就赚个万八千的，和老白做销售工程师时的收入相比差了一大截。但老白很知足，他说："总算见到了'回头钱'。"

随着技能的精进，名气的提高，老白的课酬也高了起来。他戏称，作为一个培训师，重要的是两个技能：一是睡觉，二是接课。

老白说，平台链接着全国各地的 B 端客户，他的常态是在全国各地大南大北地跑。经常是后半夜才到目的地，早上就要元气满满地去上课。所以要养成在任何地方都能随时抓住碎片时间休息的能力，也就是"睡觉"的能力。

另外，培训师的收入除了与课酬有关，还与排课量有关，所以趁着年轻，还能讲得动，多多接课，才是提高收入的不二法门。现在，老白的目标是，给自己两年时间，争取迈入百万年薪培训师行列。

打造完整的闭环，养大一个梦想

很多人在转行或者找工作时总说兴趣是最好的老师，却往往忽视了其他因素的作用。比如性格、能力和价值观。

性格，《现代汉语词典》的解释是，每个人在对人、对事的态度和行为方式上所表现出来的心理特点，如开朗、刚强、懦弱、粗暴等；能力，是完成一项任务所体现出来的综合素质；价值观，是人认识世界、判定是非的一种认知或取向。

也就是说，要想选择适合自己的职业，除了兴趣外，你还需要考虑自己的性格、能力和价值观。举个例子：如果你的性格很内向，让你天天跑业务、拉单子、见客户，这样的工作性质就不适合你；如果你的价值观是"经济回报是第一位的"，让你做利他助人但薪水不高的社区服务人员就不合适。

所以，兴趣并不是万能的。好工作，应该是兴趣、性格、技能、价值观的交集，也就是你感兴趣的、适合你性格的、你有能力做的、符合你价值观的。

养大一个梦想，是个系统的工程，在这个工程中，兴趣、性格、技能、价值观构成了一个完整的闭环，而兴趣仅仅是一个起点，它只是认识某种事物或从事某种活动的心理倾向，但却不一定能提高工作的质量和效果。

当你渴望波澜壮阔的人生，希望走在梦想的道路上时，你要知道，支撑你走下去的绝不仅仅是兴趣，能否走得长远取决于你的能力。

所以，请努力将你的能力提升到与梦想相匹配的高度，当你的能力撑得起你的梦想，你想要的生活才会顺理成章。

5.4　做好手头的事，还是追寻想做的事

美国职业指导专家约翰·霍兰德教授认为，兴趣是人们活动的巨大动力，凡是具有职业兴趣的职业，都可以提高人们的积极性，促使人们积极、愉快地从事该职业。所以，人们通常倾向选择与自我兴趣类型匹配的职业环境。比如，具有艺术型兴趣的人希望在艺术型的职业环境中工作，因为这样可以最好地发挥个人的潜能。

但是在职业选择中，很多人都不是选择与自己兴趣完全对应的职业环境。一来人们的兴趣是多样的，多数人属于多种兴趣的综合体；二来在进行职业选择时，需要考虑的因素有很多，不能完全依据兴趣来选，还要考虑社会需求及获得职业的现实可能性。

如果你正在从事自己不喜欢的工作，是做好手头的事，还是追寻想做的事呢？该如何平衡呢？

你对一件事情擅长，但未必对它感兴趣

来访者安楠（化名）坐在咨询室里静静地喝茶、吃点心。她从

沈阳来，风尘仆仆。此时，距离她年假结束只有三天的时间。她想辞掉那份管理顾问的工作，但苦于没有更好的职业方向，只好用休年假的方式拖延时间。我问她休年假这段时间在做什么。她说，尝试了一下微商，卖一款洗发水，但是每天蹲在家里一遍遍刷屏实在不是自己的志向所在。

我问她："你觉得做些什么才更符合自己的志向呢？"她说："自助助人的工作。既帮助了别人，自己又能获得社会的认同和成就感。"而她现在的工作，却让她厌烦得要命。

这几年管理咨询项目不好做，安楠的公司转型开发了一些培训课程，她的工作重心也从项目转移到课程上来。安楠戏称自己是"卖课小姐姐"。工作了几年，安楠手下也有一支不大不小的团队，业绩做得比上不足比下有余，也还过得去。

近两年，安楠发现自己每天都得硬着头皮来到办公室，一想到自己要打着鸡血似的去激励团队卖课，她就感觉脑袋"嗡"的一声大了。她开始情绪烦躁、易怒，对工作越来越缺乏耐心，感觉自己的心特别累，时不时地蹦出跳槽甚至是转行的想法。起初，家人并不理解，直到她说"不喜欢的东西让我做得很痛苦"。

她反思了自己从大学实习到现在做过的工作，只有一个是自己从没抱怨过累的，那份工作是自己感兴趣的。

兴趣＋技能＝无穷的力量。一件事情，如果你对它没有由衷的渴望，就会像飞机失去一个引擎，虽然还能继续飞，但是缺乏长久稳定的动力。技能决定你能否做好一件事，但如果没有兴趣的参与，即便你能出色地完成工作，也未必会获得快乐。

在感兴趣的领域做到极致，是普通人为数不多的捷径

和安楠不同的是，晓彤（化名）已经成功转型，进入了职业发展快车道。三年前，晓彤33岁，在财务领域耕耘了十年，虽然能力属于中上水平，但对于这份工作，她总是缺乏热忱。她盘点了一下自己的资源和能力后发现，以自己现在的情况，想在财务领域"混饭吃"比较容易，但想获得瞩目的职业成就几乎不太可能。她平时对烘焙比较感兴趣，希望以这个兴趣为突破口，作为未来创业的起点。

晓彤拿不定主意，到底是拿着旱涝保收的薪水继续混日子，还是索性辞职出来创业，所以她向我寻求帮助。我为晓彤做了SWOT分析后发现，由于晓彤新购了住房，有还贷压力，所以，贸然创业会让家庭背负太大的风险。另外，虽然晓彤对烘焙的兴趣远远超出了对财务报表的兴趣，但她的烘焙水平，也仅仅只能"自娱自乐"，还没有达到可以参与市场竞争的程度。

最后，我给晓彤的建议是：做好主业，发展副业，把简单的感官兴趣发展为可供谋生的职业兴趣，小步快跑，迅速尝试。当副业收入超过主业时再考虑是否辞职。

33到36岁这几年，是晓彤事业突飞猛进的几年。她开始疯狂

地学习烘焙技术，我记得有一年家里几乎没买过点心，她总是时不时地送来一些。蓝莓芝士、榴梿千层、月饼、花式面包等等，她每次都要看着我吃，还要我提意见。

晓彤的手艺突飞猛进，她开始尝试通过微信订购的方式销售。一开始订单不多，由她丈夫负责开车配送，后来订单多了就雇了配送员。小打小闹一年后，晓彤开了一家烘焙坊，有了几个雇员。今年5月份的时候，在验证了烘焙坊的盈利能力后，晓彤辞去了财务经理的职位，开始全身心地投入到自己的烘焙事业中来。

从我经手的生涯咨询个案来看，找到自己喜欢的领域并且深耕下去，这是一条切实可行且容易获得成功的路。

为生活增加"备用项"

理想的职业，应该是你喜欢且擅长的。无论是安楠还是晓彤，她们的职业一开始呈现的都不是让人满意的状态。安楠的工作状态是擅长但不喜欢，晓彤刚开始做烘焙时是喜欢但不擅长。做好手头的事和追寻想做的事，它们其实都是生活的"备用项"，是你向理想生活迈进的过渡阶段。

1. 擅长但不喜欢，它是你的"安全区"

你一直从事一项自己不喜欢的工作，但由于职场的长期淬炼，你已经很擅长这份工作，如果它恰恰又是你的主要经济来源，最好的选择是将它作为生活的"安全区"。在你没有做好资源和技能储备前，做好手头的事，慢慢积蓄能量。

2. 喜欢但不擅长，它是你的"潜力区"

你可能会因为不太擅长做某些事情而有一定的压力，但因为你喜欢，你就很乐意去学，就会积极主动地提升自己。这样一来，压力反倒会成为你的动力。就像晓彤一样，你只要多做事，积极淬炼自己，不断投入时间和精力，持续提升专业能力，你就可以"晋级"，遇到理想的职业。

另外，你也可以通过内部调整和发展副业的方法，提升自己对职业的满意度。你可以考虑两个问题：1. 在你现在的工作中，有哪些工作内容能与你的兴趣相结合？ 2. 在你的兴趣中，有哪些可以发展为副业，让你能够进入热爱的领域，做自己喜欢的事？

兴趣并不是职业的唯一追求，兴趣要满足你的快乐，而职业要满足社会需求。因此，职业选择有时也会妥协，寻求与相邻职业环境，甚至相隔职业环境的适应。

兴趣与其说是一种天赋，不如说是一种自我管理技能。那些生活得有趣的人，往往是下意识掌握这种技能的人，而我们大部分人可以通过有意识地学习，让自己活得有趣。

5.5 "兴趣变现",你踩准了吗

把兴趣发展成能力,把能力封装成产品。好产品的标准只有一个:能在多大程度上、多大范围内、何种时间维度上,触达更多的用户。这种产品,才是兴趣变现的种子。

头部玩家,以喜欢的方式过后半生

微博上有一段视频,讲的是一位医生"砸碎"体制内的"铁饭碗",辞职做主播卖宠物寄居蟹的故事。

40岁的邓先生毕业于解放军第一军医大学,两年前他还是一名月薪两万余元的医生,供职于一家三甲医院。辞职后,邓先生在淘宝做主播卖起了宠物寄居蟹。那些本属于"扔货"的寄居蟹在他这里,最贵的一只卖1499元。

邓先生坦言,宠物寄居蟹这门生意非常冷门,自己就是淘宝直播的一朵奇葩。在他之前没有人在淘宝上卖出过这么多寄居蟹,而他卖出了几万只。六一做活动,最多的时候,他一个多小时卖出了

500多只蟹，好多都是"宝妈"买给小朋友做儿童节礼物的。养寄居蟹有很多讲究，除了饲养箱，还有各种小场景，饲主可以为自己的寄居蟹购买各种造景物件。

从三甲医院的医生转行做淘宝主播，邓先生说："做了19年的医生，已经过了人生的四分之一了，你为什么不能做你自己想做的事情来过你的后半生呢？"

邓先生的兴趣爱好比较小众，但却能够实现重大的商业转化，这给我们一个启发：你有一个兴趣，并把它"玩"成了一个群体的头部，你就可以通过互联网放大势能，实现有效的商业转化。

兴趣变现之路，几家欢喜几家愁

以自己喜欢的方式度过余生，是很多人的梦想，不少人正准备尝试或者已经在尝试中，这其中有成功者，也不乏失败者。

萧雨桐（化名）是一家事业单位的职员，自从有了宝宝，她每天早起晚睡，挣扎在工作和家庭中，疲累不堪。她自小喜欢写作，为了写好办公室的公文，她报了几个写作的线上课，进入了一些写作社群。

她发现社群里有不少和她一样情况的宝妈，靠做育儿领域的写手赚到了钱，一些人甚至辞职做了自由职业者，这让她羡慕不已。之后，她陆续参加了几个写作训练营，自信心爆棚，没多久就辞掉了厌烦已久的工作，准备做全职写手。只是，她万万没想到，这条兴趣变现之路如此难走。她运营公众号，在各大自媒体平台做输出，给很多亲子育儿账号投稿，但是反响平平，收入甚微。

坚持了不到一年，萧雨桐没能完成从"0"到"1"的起步，日子过得捉襟见肘。不得已，她只能重新找份工作。虽然新找的工作不比原来的工作工资低，但毕竟没有事业单位稳定，为此家人没少埋怨她。

与萧雨桐的"手艺不精"不同，程晓沫（化名）做西点的手艺堪称精湛。早前，她只是感兴趣而已，后来花钱专门学习了一年。

程晓沫家境不错，家人出钱为她租了一个不小的店面。她的店铺主打手工面包、西点，兼卖咖啡。程晓沫原以为"纯手工制作"和"无添加剂"是很大的卖点，销路会不错。但开业三个月，惨淡的业绩告诉她：消费者并不买账。

而且，她的店铺选址在小区临街的铺面，早在她入驻前，那条商业街就已经有了一家主打"纯手工制作"和"无添加剂"的店铺。那个店铺是连锁店，品牌早已深入人心，每天生意很火爆。

你看，喜欢一件事是一回事，擅长一件事是另外一回事，而形成竞争优势并靠它变现，这才是最重要的事。

如何通过"三块拼图"实现兴趣变现

领英的联合创始人里德·霍夫曼曾经提出过"通过三块拼图来培养自己的竞争优势"的观点。这"三块拼图"非常适用于兴趣变现,因为兴趣变现的首要前提就是构建你的竞争优势。简单来说,你可以把兴趣变现理解为,其是由追求和价值观、软资产和硬资产及市场现状这"三块拼图"所组成的。

1. 追求和价值观

这块"拼图"很容易理解,实际上就是指你在出发前,首先要有全面的自我认知。还记得《爱丽丝梦游仙境》里的一段话吗——

爱丽丝:"你能告诉我,我从这儿该走哪条路吗?"

猫:"那多半要看你想去哪里。"

爱丽丝:"我不在乎去哪儿。"

猫:"那你走哪条路都没有关系。"

所以兴趣变现的第一步就是:不要着急走,先问问自己,你想要去哪里?为什么这件事对你重要?

2. 软资产和硬资产

里德·霍夫曼认为,人的资产可以分成两类。一类是软资产,主要是指你拥有的知识、技能、社会资源、个人品牌等;一类是硬资产,就是你拥有的物质上的东西,比如房产、存款等。

软资产是兴趣变现的工具。比如,萧雨桐做育儿领域的写手收益甚微,是因为她的软资产积累不够,技能层面离变现还有不小的差距。所以,你若想要兴趣变现,就要先看看自己的软资产是否达到了参与市场竞争的程度。如果没达到,就继续修炼。

硬资产是兴趣变现的物质保障。当你想靠兴趣变现时,盘点一下自己的硬性资产是否能支撑你投入金钱去迭代技能。如果你打算辞职去做自己感兴趣的事,更需要考虑,假设未来 1-2 年内你收入很少甚至没有收入,你的硬资产能否支撑你走过这段最艰难的路?如果不能,先积累够了再说。

3.市场现实

市场现实是指,当你想靠兴趣变现时,你推出的产品是否能获得消费者的认可。比如,程晓沫虽然做西点的手艺精湛,但是由于市场定位不准,消费者不认可,生意仍然惨淡收场。

所以,兴趣变现的终极要求是定位。你要了解你的客户,想一想他们的需求是什么?市场的趋势是什么?只有满足了客户的需求,你的追求和价值观、你的硬资产和软资产,才会有用武之地。

Chapter 6
明确选择：给生活来点定见

6.1 为什么你总是不知道自己要什么

在网上,有人这样提问:"经常性遇人不淑是一种怎样的体验?"有网友回答道:"人这辈子,谁没遇见过几个人渣。但是经常遇人不淑,你就要自我反省一下了。在很大程度上,是我们自己创造了自己的经历。你是谁,才会遇见谁。"我很认同这个观点:你是谁,才会遇见谁。

把这个观点延伸到职场,经常找不到"好工作",不知道自己到底想要什么,也需要自我反省一下,不是工作出了问题,而是你出了问题。很多时候,并不是我们遇不到更好的工作,而是当那个更好的工作出现时,我们没能成为更好的自己。

你的实力决定了你能遇见谁

我认识一位画家,他年轻的时候很穷,画过油画、画过国画,却一直没有很大成就。他当时的理想很简单:能够专门从事自己喜欢的绘画创作工作。然而,事与愿违。画家这份职业不足以让他养家糊口，他只能一边搞创作，一边在古玩城租了个摊位，靠给小公司、小饭店画沙发背景画、题写牌匾和搞装修设计谋生。从画家到画匠，他遭遇的不仅仅是心理上的巨大落差，还要四处碰壁、受尽委屈。

有一年年底，这位画家去一家企业要账，财务部以各种理由推脱：账面没有钱，领导不在无法签字……他记不清自己跑了多少次，直到有一次对方烦了，指着他的鼻子骂："谁让你来的？领导不签字，你跟我说不着！"他终究没有在年底要回钱，直到年后，在对方的要挟下，他又赠送了装裱好的"招财进宝""八方来财"的字后才了事。他觉得这两幅字俗不可耐，就像他为了生存不得不委曲求全一样俗。但这俗气的人间烟火，又是他不得不面对的。

46岁时，他因一幅国画成名，从此一发不可收拾。他拥有了自己的经纪人团队。走到哪里都被人尊称为老师。50岁时，他开了一家以自己名字命名的艺术馆，里面都是自己多年积累的得意画作。他出门参加活动，前呼后拥。主办方唯恐照顾不周："老师，您想吃什么，喝什么？有什么忌口的？休息得还好吧？看老师这幅字，游云惊龙、铁画银钩……"

画家不再像年轻时那样，为了谋生，什么活儿都接。他说自己为艺术而生，要按照自己对世界的理解进行创作。画家还是那个画家，只是世界变得对他愈发和颜悦色，这让他有底气活出更好的自己。

有次和他谈起年轻人的无奈：对工作不满意，也找不到合适的工作，更是不知道自己到底想要什么，只能继续忍受眼前的生活。

他说："在开放的社会，你随时随地都会遇到一份好工作，你没法和它并肩同行不是你没有机会，而是你没有实力！"画家这句看似刻薄的话里，道出了一个简单的道理：你强的时候，你的选择最多；你弱的时候，遇到的都是坏工作。

想要的太多是最坏的开始

小辛在一家公司做了四年基层工作，当升职无望、加薪无门时，她毅然选择了辞职。她希望下一份工作能向管理岗位冲刺，多点技术含量。她很快就谋到了一份主管的岗位，薪水也比以前高了不少。但问题来了，管理岗位意味着承担的责任也大，她经常加班，不像之前那样有富余时间可以照看孩子。她又开始重新求职，工作时间宽松的，往往钱给得少，而且多数是重复性工作；工作时间宽松、钱给得多、离家近，还要有点技术含量的工作不是没有，比如企业高管或技术牛人，可以不用坐班，但她的实力还没达到。

小辛没想到求职之路如此不顺，六个月内，换了四份工作。有一份工作入职不到一周就辞职了。小辛希望工资高，工作自主性强，又有技术含量，这样的工作有，而且不少，但是需要实力来匹配。实力决定了自主权。

无论是工作还是生活，想要一个满意的结果，最重要的是实力的匹配。如果你的实力匹配不上你想要的东西，就要做减法，找到你最想要的那个东西，其他的则要战略性放弃。人生最无奈的不是实力不够，而是你想要的太多，这才是最坏的开始。

要么提能力，要么降需求

很多人的人生走向是：我用尽全力，终于过上了平凡的一生！那么怎样才能遇见更好的自己呢？要么提升能力，要么降低需求。

1. 提升能力

能力有很多种，影响一个人职业成就的能力主要有三种：应变力、内驱力、影响力。

①应变力

应变力，是指根据外界事物变化，能审时度势，随机应变的能力。我认识一个培训师，刚参加工作时在企业做人力资源。有那么几年，他所在的企业急速扩张，大批新人涌入，迫切需要有专业人才对新人进行职业化培训，所以他就转型做了企业的内部培训师。

后来他慢慢总结了一些培训方面的方法、套路，并且自己开发了一些课程，于是就辞职去做了商业培训师。虽然都是培训师，但是二者是完全不同的。他在企业做内训师时，是站在企业的角度，给员工讲职业化塑造。他做商业培训师时，是站在学员（个体）的角度，给他们讲如何将"员工职业化"这门课程拿回到自己的企业落地。这个过程，其实就是一个人不断迭代、精进、提升应变力的过程。

应变力可以用在所有的工作步骤上，一个又一个小的变化，不断叠加出未来翻天覆地的大变化。它是一个人成功转型、迅速适应环境的法宝。

② 内驱力

内驱力就是推动一个人做事的内部动力，它能给人积极的心理暗示。内驱力对于那些想转型、想创业的人来说特别重要。因为无论是转型还是创业，都意味着变化，变化意味着不确定性。也就是说，之前你在确定的岗位上做确定的事，虽然你会觉得无趣，但有一点：回报是即时的，确定的。这时的你好比一个猎手，你拿上弓搭上箭，瞄准猎物，收入囊中。

但是当我们在职业转型或者创业的过程中时，回报是不确定的、不及时的。这时的你好比农夫，你在辛勤耕耘一块地，播种除草，经历了春种夏长才能到秋收的环节。幸运的话，你的粮食会获得大丰收，但也有可能因遇到"自然灾害"而减产，甚至会绝收。

这时，你靠什么驱动自己坚持下来？如果你认为及时的、确定的收益比较重要，那你可能更适合做个猎手而不是农夫。

③ 影响力

亚马逊 CEO 贝佐斯曾说："在线下世界，如果一个客户不满意，他会告诉 6 个朋友。在互联网世界，他会告诉 6000 个人。"在移动互联网时代，用户的负面体验会迅速传播，同样，正面的体验也会迅速传播。一个人随时可以与很多人链接，这让人与人之间影响力的模式发生了根本变化。人们可以通过各种渠道将自己打造成某一领域的 KOL（意见领袖），进而实现商业价值。

比如抖音里的很多"网红"，有些人分享美妆，有些人分享穿搭，有些人分享知识等等，他们都在通过自己的能量，去影响周围的人群。在这个时代，想要改变受众的行为，你不一定要改变他们的观念和态度，只要增加对他们的影响力就可以了。

2．降低需求

降低需求不是让人清心寡欲，它的本质是让你的需求合理化，最终与你的目标匹配。

日本有一位女士，在过去的 15 年里，凭着节俭度日，硬是省出了三处价值千万的房产，被日本电视台评为"日本最省女孩"。这位女士今年 33 岁，27 岁时她接受了《幸福！贫穷女孩》节目的采访。她说，她在 18 岁的时候就立下了买房的梦想，她希望自己 34 岁前能拥有三处房产，然后退休。

她只是一个普通的文员，收入不高，也没有父母的资助，怎样实现拥有三栋房产的目标呢？她的方法是：省钱，降低自己的消费需求。为了省钱，她不买新衣服，穿妈妈或朋友送的旧衣服，捡旧家具用，每天伙食费控制在 153 日元（约 10 元人民币）以内，晚饭吃两块钱的乌冬面，不舍得买碗就直接拿锅吃……

27 岁那年，她买了人生的第一处房产。这一房产 1000 多万日元（约合人民币 60 多万元），有三个房间，她自己住一间，剩下的都租了出去。之后的几年里，她陆续买下了价值 1800 万日元的第二处房产和价值 2700 万日元的第三处房产。33 岁那年,她提前实现了愿望,搬到了自己买的第三处房产里。她计划将空闲的房间出租出去,租金抵充房贷。你看,省钱不是目标,只是她达成的目标的一种方法而已。

无论是提能力还是降需求,究其根本,当你与外部世界统合的时候,你的内心才能真正地接纳自己。你接纳了自己,也就遇到了更好的自己。

6.2 只有工作可爱了,生活才会可爱

《奇葩说》中曾有个辩题:高薪不喜欢和低薪喜欢的工作,你选哪个?反方辩手,哈佛博士詹青云说:"就好像没有感情的婚姻是在演戏一样,没有感情的工作其实也是一种欺骗。骗人容易,骗自己难。工作是我们生命中的一部分,只有工作可爱了,生活才会可爱。"

想要生活得快乐,工作选择是个不能回避的重要问题。在长达几十年的职业生涯中,我们总会面对各种各样的职业选择和诱惑,那么,如何才能做出合理的选择呢?

与其漫无目的地试错,不如读懂什么是真正的喜欢

喜欢一份工作重要吗?重要,太重要了!喜欢意味着什么呢?罗曼·罗兰说:"真实的、永恒的、最高级的快乐,只能从三样东西中取得:工作、自我克制和爱。"工作占据了我们人生黄金年代三分之一的精力,甚至更多。从事一份喜欢的工作,就意味着你将拥有较高的生活质量。喜欢一份工作,意味着当你面对它的时候拥有无穷的精

力和燃烧不尽的热情；意味着你愿意克服重重困难，主动投入时间、精力和金钱。而热情和极致的投入会让你拥有更多成功的可能性。

稻盛和夫在《干法》一书中曾经详细记录了自己的职业发展历程。大学毕业时，稻盛和夫在京都松风工业就职。那时的松风工业迟发工资是家常便饭，业主家族内讧不断，劳资争议不绝，公司已经走到了濒临倒闭的边缘。

入职还不到一年，同期加入公司的大学生就相继辞职了，只剩下他一个人孤零零地留在这个衰败的企业。当时，他还找不到一个必须辞职的充分理由，所以他决定：先埋头工作，不再发牢骚，不再说怪话，聚精会神，全力以赴。

在这样拼命努力的过程中，不可思议的事情发生了！他居然一次又一次取得了出色的科研成果，成为无机化学领域崭露头角的新星。

他开始产生了"工作太有意思了，太有趣了，简直不知如何形容才好"的感觉。这时候，辛苦不再被当作辛苦，他更加努力地工作，周围人们对他的评价也越来越高。他的人生步入了良性循环。不久，他开发的"U字形绝缘体"成为制造电视机显像管必不可少的部件，公司接到了松下电子工业的大量订单。这时的技术和业绩也奠定了日后京瓷公司发展的基础。

这就是喜欢一份工作的真相：喜欢带来了创造，创造积累了财富。

正如詹青云博士所说："高薪可以买我的人，买不到我的心。高薪可以把我绑定在工作座位上,但它不能把我的心绑在创造上。公司用高薪不只想买你的时间,他更想买你的效率,买你的注意力,买你的创造力,这些都是用钱逼不出来的,唯有喜欢可以带来。"

永远不要凭"喜欢"去选择一份工作

那么,什么样的工作是我们喜欢的呢?答案是:没有绝对让人喜欢的工作。在做生涯咨询师前,我一直做 HR。HR 经常会问求职者一个问题,就是你为什么选择这份工作?很多求职者给出的答案是因为喜欢:我特别喜欢站在讲台上的感觉,所以选择做培训;我特别喜欢与不同类型的人打交道,所以选择做销售……

当你问自己为什么选择这份工作时,如果答案仅仅是喜欢,那你就要在心里画上一个大大的问号。喜欢,仅仅代表一种兴趣倾向,并不意味着你就一定适合做这份工作,一定能把这份工作做好。

我的一个来访者莉莉(化名),四年前毕业于一所二本院校的英语专业,她说自己喜欢烘焙、摄影、旅游和写作。

工作的第二年,莉莉辞职出来做了自由职业者。她卖过自制的西点、接拍过写真、当过旅游攻略写手。但是没有一样能坚持到最后,因为这些工作收入微薄,不够维持她的基本生活,最后她又重新求职做回了翻译。

永远不要凭"喜欢"去选择一份工作。因为再好的工作,也有你不喜欢的部分。

大部分人对于某件事情的喜欢，仅仅是停留在业余爱好的层级。你见过业余选手去打职业联赛的吗？所以，这个层级的喜欢是不能够发展成职业的。

那么，一份能让我们保持愉悦的工作，它的衡量标准是什么呢？答案是——工作价值观匹配。是否喜欢一项工作，取决于这份工作能否让你忠于自我，也就是说，这份工作与你的工作价值观的契合度。

是什么在影响我们的选择

回顾一下你的职业生涯，在不同的职业阶段，我们往往要在一些得失中做出选择。例如：是要舒适轻松的工作环境，还是要高标准的工资待遇？是要成就一番事业，还是要安稳太平？

你在什么样的情境下工作热情高涨，是什么样的因素驱动你努力工作？你在什么样的情境下遇到职业低谷，又是什么原因导致你对工作没有热情？

生涯辅导大师舒伯认为，工作价值观是个人追求与工作有关的目标，从事满足自己内在需求的活动时所追求的工作特质或属性，它是个体价值观在职业问题上的反映。

简而言之：它是人们无论从事什么工作，都会努力在工作中追求的东西。

以下为15种工作价值观，通过对这些工作价值观的重要程度的排序，我们可以对工作价值进行衡量。试试看，找出你排在前三位的工作价值观,它们就是你的核心工作价值观。

- 利他主义——为他人着想,能为了他人的福利做贡献的职业;
- 美的追求——追求美的东西,能够制作美丽的物品得到美的享受的职业;
- 创造力——能够让你设计新产品、发明新事物的工作;
- 智慧激发——能够让你不断思考、了解事物运作,解决新问题的工作;
- 成就动机——能让你有一种做好工作的愉快或成功的感觉;
- 独立自主——能让你以自己的方式去做事的工作;
- 社会地位——让你得到他人的尊敬和重视的工作;
- 管理权力——获得人或事的管理权,在你权限内,指挥调度资源;
- 经济报酬——报酬优厚,使你能够过得体面、富足的工作;
- 安全稳定——即使在经济困难的时候也有工作,不太可能失业;
- 工作环境——在怡人的环境里工作;
- 上司关系——在一个公平并且能与之融洽相处的管理者手下工作,和领导相处融洽;
- 同事关系——与同事在一起感到愉快、自然;
- 生活方式——能让你按照自己所选择的生活方式生活;
- 变化性——在同一份工作中有机会尝试不同种类的职能,不枯燥。

澄清了自己的工作价值观，你会发现，在一份工作中，到底什么对你来说最重要，这是一个发现自我的过程。这个过程可以帮助你抓大放小，把它作为将来求职的指南针。当我们选择一份工作时，不能仅仅看表面那些吸引我们的东西，更应该抽丝剥茧地看本质。

你应该喜欢工作本身，而不是工作的附属品。

詹青云博士说："我为什么把喜欢的东西当作工作来做？常常是觉得这件事是有价值的，是值得去做的，是重要的。就像我当律师，我可以选择那些高薪的律师工作，我就去大公司打反垄断的官司，动辄几十个亿的官司；我也可以给普通农民工提供一点法律咨询。价值这件事，不一定是由价钱衡量的，前者的选择有很大的价钱，可是它未必更有价值。"

所以，对于高薪不喜欢和低薪很喜欢的工作，到底如何选择，这取决于你的工作价值观。经济回报也好，利他助人也罢，你认为值得就去选择。

你现在不为未来做选择，未来别人就会替你做选择，而你别无选择。

一份工作，最大的价值，在于能否让你更好地做自己。我们不仅希望通过工作获得丰厚的薪水、体面的生活，我们还期待工作本身带给我们的意义和价值——激发生命的热情，发挥我们的天赋。

6.3 撕开"间隔年"的面纱

2018年9月，知名演员、大提琴演奏者欧阳娜娜重返校园，入读伯克利音乐学院，一时在娱乐圈激起千层浪。这位集颜值和才华于一身的小仙女用"间隔年"的方式，专注于自己喜欢的领域，为喧嚣的生活按了一下"暂停键"。

实际上，除了欧阳娜娜外，不少人选择了"间隔年"的生活方式。那些不想早早踏入社会的大学生，选择用一年的时间去旅行、做志愿者或义工，以便接触全新的世界，了解自己；那些工作多年的职场人辞职进行长期旅行或重返学校，以调整身心。这种从固定不变的生活模式中暂时跳出来，去用一年或更多的时间在一个全新的环境体验新的生活的方式，被称之为"间隔年"，英文叫 Gap Year。

有人通过间隔年的方式进行自我调整与重新定位，有人间隔年之后回归现实，却发现面临职业断崖的危机。我不会鼓动你选择它或者放弃它，我只是想揭开间隔年的面纱，告诉你它的真正模样，你看清了它，才会有更好的选择。

裸辞去过间隔年，思考清楚再上路

康云晞（化名）即将赴西藏和新疆旅行。2018年7月，这个初出校门的小姑娘进入一家私营企业做销售。新工作、新环境并没有给她带来新鲜感，一切都让她感到不适应、不知所措。在反思了销售这份工作带给自己的职业体验之后，她突然意识到，自己内心深处十分排斥这份工作，但未来该往哪里走，她十分迷茫。于是，在听了朋友的建议后，她决定裸辞旅行，用一年的时间去过无人打扰的间隔年。但她总感觉心里不踏实，便发私信问我："关于裸辞旅行去过间隔年，您有什么建议？"

我问她："裸辞没有收入，旅行需要花钱，你在经济上做好准备了吗？"

她说："工作一年没存下一分钱，信用卡还有少量欠款，经济上需要收入不高的父母来支援。"

我问她："你希望通过间隔年的方式收获什么呢？"

她说："看风景，看世界，让生活慢下来。"

我又问她："然后呢？"

她想了半天，没说出所以然来。

随着时代的发展，越来越多的人开始接受间隔年这个理念，但很多人对于间隔年的理解存在误区。在他们看来，找不到未来的方向，不如停下来彻底放松一下，看看世界，了解自我。然而，间隔年远没有看起来那么美好和简单。

有些人通过间隔年,看到了人生百态,见识了多元世界的精彩人生。他们在间隔年中学习、成长、思考,认清了未来的方向。有些人不过是为自己逃避现实找个借口。间隔年回归后,除了收获美食美景,职业发展仍然一头雾水,甚至因为与社会长期脱节造成职业断崖。浪费了一年时间后,只能和从前一样,凑合找份不喜欢的工作。

间隔年到底值不值

很多人都知道间隔年起源于西方,不少西方名校特别支持学生用间隔年的方式去探索人生的可能性。但你也许不知道,间隔年起源甚早。17世纪时,间隔年便在英国的贵族子弟中流行。不同的是,那时不叫间隔年,叫"壮游"。贵族子弟不是用一年时间,而是用几年的时间去游历、学习、开阔眼界。也就是说,从源头上来讲,间隔年就是个奢侈品。它看起来很美丽,但想要消费得起它,起码要具备两个条件:一是有经济后盾;二是有过硬的技能。

我的客户老林的女儿小林曾就读于美国某知名高校,本科毕业后她选择去北欧游历一年再回美国读硕士。她说本科期间学业压力大,自己从来没有好好放松过。在北欧的日子里,她到北极圈的特罗姆瑟看绚烂的极光,到芬兰的拉普兰与驯鹿为伴……

小林说,这一年她还在丹麦和瑞典兼职做过中文老师,这些都是宝贵的财富。间隔年让她明晰了自己今后的发展方向,回美国后她重新调整了专业。小林之所以有资本选择间隔年的方式，是因为她父亲老林是私营业主，家境极为富裕。

和小林不同，县城出身的小米家境普通，工作三年也没有太多积蓄。在告别了上一份工作后，小米选择了边打工边旅行，来度过自己的间隔年。她希望能让生命中拥有一段不计较得失、尽情尝试的美好时光。小米英文极好，间隔年中有五个月的时间里她是在英文培训机构做老师赚钱，贴补旅行的花费。

小米有底气选择间隔年，是因为她有一项可以谋生的技能，保证了她在任何时候都有饭吃。所以，间隔年到底值不值得，你要先问问自己是不是盲目跟风，自己有多少资源能够支撑这个选择。同时也要清醒地认识到，间隔年不是解决当前问题的好方法，它只是生活的缓冲。有些问题会随着时间的流逝迎刃而解；有些问题，不过是你按下了"暂停键"，把困难推给了未来。

间隔年的正确打开方式

到底间隔年该怎样度过呢？请记住，一个有收获的间隔年，绝对不是盲目地裸辞去旅行，而是利用这段宝贵的时间深度思考人生、调整自我。以下是间隔年的正确打开方式：

1. 间隔年不能拔腿就走，要做好预算计划

间隔年需要财力支撑，要制定严谨的预算计划。想想，在间隔年里你打算做哪些事情？预算是多少？如果手头的资金不够，你有

哪些办法弥补资金缺口？如果你打算一边打工一边旅行，盘点一下你的技能及旅行区域，判断一下你的技能变现的可能性。

2. 选择在国内就业的应届毕业生应慎重对待间隔年

间隔年的目的不是为了逃避工作，而是为了更好地修行。如果你打算在国内就业，一定要慎重选择间隔年。应届毕业生找工作的最大途径是校招，你选了间隔年，错过了校招就只能参加社会招聘。社会招聘需要工作经验，即便是一边打工一边旅行的间隔年，你也很难系统地积累就业方向所需的岗位经验。

3. 寻找间隔年的低成本替代品

我做生涯咨询时，经常会给来访者用到一个评估工具——生涯之花。生涯之花是从多个维度评估我们对当下工作和生活的满意度。很多来访者"追求价值的娱乐活动"和"追求乐趣的娱乐活动"得分很低。前者是指你所参加的娱乐活动不为放松，而是为了获取价值。后者是指你所参加的娱乐活动纯粹是为了追求快乐、缓解压力。这两项分数低会导致个人学习力不足，生活紧绷，日子久了就会滋生倦怠情绪。

这时，你需要通过"间隔"的方式，调整一下生活的节奏。间隔年的成本太高，你可以选择间隔月的形式来释放自我。间隔月较容易实现，它不一定是整个月，而是把自己的年假与节假日等合并起来休一个大假，让自己彻底放松下来。

4. 有计划地学习一项技能

间隔年让你有了更多的时间深度思考人生，这时你可以尝试去学习一项以前想学但没有精力学习的技能。也许这项技能会成为你回归后的新的职业方向。即便你不打算靠这项技能谋生，当作一个业余爱好也能陶冶情操。

5. 防止与社会脱节，保证职业生涯的连续性

间隔年期间，千万别把自己封闭起来，不然重新回归后，就会面临融入社交圈困难的问题。这方面，欧阳娜娜做得特别好。她在美国上学期间，经常在社交网络上发布 vlog。比如，早上没洗脸赖床素颜出镜；在卫生间里碎碎念今天到底穿什么；分享化妆心得，告诉大家如果上课来不及就只画眉毛和遮黑眼圈……

这些分享，让人们看到了一个元气满满的美少女平淡又充实的留学生活。所以，在间隔年期间你可以通过分享自己的生活或心得感悟让社交圈了解你的动态。你也可以给你的职场关键人寄明信片。我的学生在间隔年期间去西藏旅行，为我寄来了当地的明信片，上面工工整整地写着：在雪域高原为老师祈福。这些小事花费不多，却能让你的职场关键人记住你，为以后回归留足人情空间，确保职业生涯的连续性。

一个好的间隔年，不应该是失意之下对工作的逃避，而应该是拓宽边界，打开人生可能性的精心安排。

纪伯伦说过:"我们都已经走了太远,以至于忘记了为什么而出发。"对于一直低头赶路的人们来说,在做出选择前,不妨停下来看看前进的方向。

6.4 选择大于努力，又是什么决定了选择

知名心理咨询师武志红曾说："生命的意义在于选择。"在浩瀚的宇宙，在时间的长河里，在进化的历程中，渺小如尘埃的你的选择，至少对你这个个体而言有无限的意义。

选择决定了你是谁，在时间、空间与进化的无常中，你的选择尤其可贵，你甚至可以凭借选择而透过无常，看到恒常。

每一次"错过"的背后，都有一个"选择陷阱"

因为工作关系，我经常接触不同类型的来访者，我发现每一次"错过"的背后，都有一个"选择陷阱"。有一天，周日早上五点多，我接到了肖晓琪（化名）的电话，原本我们预约的职业辅导时间是下周一，但她接到了学校的催款电话，所以希望能在周日做出选择。

肖晓琪在东北一个县城的少儿英语培训机构做老师，她原本的职业梦想是做一名服装设计师。毕业后，她听从了父母的建议回到了县城，但是这个小地方很难承载她的设计师梦想。更多时候，

人们对服装设计师的概念是"裁缝"。当了六年的英语老师，眼见着"奔三"的年龄，她每天被父母的催婚逼得很烦。

她不想一辈子平平淡淡地待在县城，她希望重拾自己的设计师梦想，于是找到了一家学校，报名参加脱产学习。她希望学业结束后能留在那个学校所在的一线城市打拼。她的决定遭到了家人的强烈反对，所以报名后她迟迟没有交学费，希望留个时间缓冲。

我给她做辅导时发现，尽管她内心深处时时地迸射职业梦想的"火花"，但一到选择的关键时刻，她就总是没有主见。动不动就说"我爸妈说了，我哥哥说了……"每个人都能对她施加强大的影响力，而她自己却总没有个"主心骨"。这件事一直拖着，直到她妈妈突然生病住院，上学的事情便不了了之。

我父亲说："你们这代人，选择多了，也不见得是好事。这么多的选择，让选择本身困难起来。"我跟父亲说："其实不是选择多了，让选择本身困难，而是人们做出取舍困难，本质上是人们的决断能力太弱了。"

我有个亲戚，年轻时在外地打工存了三十几万块钱。前些年她从外地回到长春，准备用这笔钱做点小生意。她迟迟没有找到合适的项目，我就建议她拿这笔钱付首付买套房子。我告诉她，我当年在某施工企业集团工作时，对高新区的规划了解一些，那里的住宅未来三到五年会有很大的升值空间。

当时，有几家知名开发商开发的楼盘，均价才五千到六千元一平方米。按照六千元一平方米计算的话,一套130平方米的大三居,总价才78万元。她的三十几万元,付完首付还有一点结余。她看了几次房子,迟迟没有出手。她妈妈跟她说:"你早晚要嫁人的,买什么房子!"后来,她一直没有找到合适的结婚对象,也没有做生意,而是找了一家公司上班。

她没有别的理财渠道,手里的钱存在银行里一直贬值。后来,她终于决定出手买房,那已经是五年以后的事了。此时,高新区的住宅均价1.3万元/平方米。她手里的钱,仅够付一套80多平方米两居室的首付。我爸一直唏嘘,说她白白错过了买房的好时机。

生活对于像她这样的人总是无情的。如果你不能坚定地去选择,生活就会不断给你出选择难题,让你不得不选择。生活本身就是一个不断需要选择的过程,谁也别想摆脱它。

塑造人生的,往往是几次关键选择

京东集团创始人刘强东曾经在牛津大学发表演讲,介绍自己的创业经历。他提到自己人生的三次关键选择,让京东成为今天的京东:第一次选择是2004年,他决定关掉线下实体店,全面转型做电商;第二次选择是2007年他决定扩充品类,从只卖IT数码类产品扩充到销售全品类产品;第三个选择是2007年年底,他决定自建京东物流。由于自建物流成本太高,遭到了几乎所有投资人的反对,为此,他跟投资人做了对赌。

作为一个农村出来的孩子，刘强东的人生从来不缺少"努力"二字，成就他的是在关键时刻做出的选择。

选择这个词，听起来很玄妙。实际上，选择无非就是拿主意。小到我们买菜吃饭，大到成家择业，我们的人生就是由这样一个又一个选择构成的。面对人生中的各种问题，人们做出的选择大相径庭。所以，有人成功了，有人失败了。因此，能否做出正确的选择，就显得至关重要了。

我的客户黄谭东（化名）是一家私营企业的老板，我去他那里做访谈。他跟我说，自己最后悔的事情就是早年间做选择时不够果断，立项、招人、裁人，这让他错过了很多机会。黄谭东说近几年经济形势变化很快，他做选择的频度较前些年高多了。他现在引以为傲的物联网项目，就是自己当年力排众议的选择。

当初黄谭东在会上提出要投入资金发展工业物联网技术，建立智慧电力数据检测平台后，立刻遭到了几名高管的强烈反对。一方面，新项目需要投入大量资金，什么时候能见到效益还是个未知数。最主要的是，新项目上马，意味着公司权力格局的重新分配。面对几位高管的态度，黄谭东丝毫没有退让，他坚定地说："在会上讨论这个项目，不是跟大家商量项目的可行性。而是通知大家，想要做好这件事，你们需要做些什么。"

之后，他裁掉了那个声音最高的反对者——他的大舅哥，公司的副总经理。为这事，他老婆一个月没和他说话。黄谭东的新项目逐渐开展起来，几年后取得了巨大的成功，将他在业内的影响力推向了一个新高度。

能够发现那些不易被发现的可能性，并通过正确的选择把它转化为现实可能性，是一个人取得成功的关键所在。

如何打破限制性思维，拓宽选择空间

人会因为限制性思维而缩小自己的选择范围，这会导致做出糟糕的选择。要想做出好的选择，就必须打破限制性思维，拓宽选择的空间。具体有四个步骤：

1. 改变提问方式

做选择的时候，我们经常会问自己一些问题，所以，改变过去的提问方式，提出正确的问题，是做出正确选择的开始。

一个人职业发展遇到了瓶颈，原有的平台和职业发展模式已经满足不了他的需求。这时候他会问自己："我要不要辞职，换一份工作？"

但是如果我们能够换个角度，换一种方式提问："我能够或我愿意承受多大代价来迎接接下来的改变？"后面的问题比前面的问题思考程度又深了一层，更具针对性，基于这样的问题，才更容易做出理智的决策。

2. 澄清目标

提出了问题之后，不要忙着做决策，而是要思考，到底自己想要的是什么。只有目标澄清了，才能做出理性的选择。

比如，我有个来访者，接到了猎头公司的电话，对方提供了一个薪水非常高的工作机会。但那份工作需要经常加班加点，而他的宝宝刚刚出生，他和妻子都需要投入更多精力照顾家庭。他认为在这个人生阶段，扮演好父亲的角色比拿到一个好职位重要，所以放弃了那个工作机会。

由此我们可以看到，那些在外人眼里充满诱惑的机会，只有在明确了人生目标的前提下，你才知道它到底值不值得你去选择。

3. 要有备选方案

很多人在职业选择的过程中，总是非此即彼，不是选择 A 就是选择 B，其实在 AB 两个选项外，我们还应该考虑一些备选方案。

比如，你打算辞职去从事某职业，但是这件事值不值得去做呢？你可以先缓一缓，在正式辞职之前，通过副业、培训、学习等方式体验一下，然后看看这种体验是否符合你的价值预期。这实际上是一种小成本的试错，它能够给你带来基本的职业体验，接下来，基于这种体验，你再做出正确的选择。

4. 在多个目标中进行取舍

接下来我们开始比较各种方案的优缺点，进行取舍和选择。选择最困难的地方就在于取舍，那么如何取舍呢？有两种方法。一种是排除法，如果你想要换份工作，但你并不知道自己适合什么、喜欢什么，你可以通过排除法，排除那些自己明显不喜欢、不适合的。

排除的过程，就是不断澄清的过程。

用完排除法，你发现还是有很多个工作方向，你也不知道该选哪一个。这时候，你可以用平衡法。就是把那些不容易比较的东西用同一个标准换算。比如，A公司钱多事多离家远，B公司钱少事少离家近。你可以把金钱、工作量、工作距离这几个因素换算成分数。比如1到5分，1分为不重要，5分为非常重要。你认为这几个要素各能打几分？要素分数相加最后计算出总分，然后做比较，这样就有直观的判断了。

实际上，在这个快速发展的社会，所谓的真相可能越来越不重要，重要的是真相背后的一套选择逻辑。而理解这些逻辑并运用这些逻辑，需要你不断地发问、思考和求变。

6.5　学会拒绝，是一种智慧

作家毕淑敏说："拒绝是一种权利，就像生存是一种权利。"然而，我们从小接受的教育告诉我们，做人要大度、要善良、要处处为他人考虑。但是却很少有人告诉我们，在人际关系中，学会拒绝，建立清晰的界限有多么重要。

别让你的善良被人随意消费

2019年6月，经过三个多月的诉讼，作家莫言获得诺贝尔奖后打的第一个官司终于有了结果。法院判令涉案公司停止侵权行为，并赔偿莫言各项损失合计210万元。

事情的起因，还要从2018年说起。莫言所住小区有一个收发室职工顾某，与莫言一家相熟。去年，顾某恳请莫言为他的一个朋友董某写一幅字。原因是，董某为其家人支付了保险费，自己无以为报。出于好心，莫言答应了顾某的要求。得知董某是做陶瓷生意的，莫言便抄写了一首与陶瓷有关的诗让顾某转交。

几天后，顾某恳求莫言让董某登门拜访，莫言好心答应了。在会面期间，董某与莫言合影，并拿出准备好的莫言的书让其签名。因为两人都曾入伍，莫言便在落款题字中写上"赠与×××战友"。没想到，莫言一片好心，反被人利用。

二人的合影、签名书籍、题字都出现在了董某公司的宣传片和广告中。好心被利用，莫言奋起反击，将这家公司告上法庭并胜诉，获赔金额创下类似案件最高纪录，大快人心。

善良应该被褒奖，却被坏人利用。遇到这样的事的又何止莫言一人。生活中、工作中，我们踩过的坑还少吗？因为善良，我们选择付出；因为"磨不开面子"，我们不好意思拒绝。我们接受了太多不合理的东西，这些东西让我们成为一个沉重的"给予者"和"老好人"。但真相往往是：善良的老好人被朋友同事随意差遣，各种江湖救急，甚至成了"背锅侠"。

为什么说"不"这么难

胡颖舒（化名）是一家互联网公司的运营，做线上生涯规划辅导时，她带着哭腔跟我通话。她是公司的老好人，尽管工作忙得要死，只要同事们有需要，她都尽量随叫随到。这段时间忙着搬家，她不小心砸伤了脚，简单到医院处理一下后，就又投入到了紧张的工作当中。

有的同事简单地问候了她一下，而更多的她帮助过的同事，对她的伤情视而不见。他们还像以前那样,随意地差遣她。胡颖舒跛着脚在办公室里忙活着,由于腿脚不便,她请求一个同事帮她个小忙,被那个同事以"手头工作很忙"为由断然拒绝了,她心里特别委屈。

她问我:"为什么他们有事,我尽心尽力帮忙,而我需要他们帮忙的时候,他们拒绝我连眼都不眨?"

为什么?很简单啊,因为你的付出很廉价,他们的拒绝没成本!你顺从地讨好每一个人,唯独没有讨好你自己!你会发现,无论是在生活中还是在职场中,面对各种各样的请求,要勇敢地说"不",真的不容易。

为什么说"不"这么难?

一是教育背景使然。我们从小被教育要助人为乐,所以很多人害怕说"不"伤害了别人的感情,同时,也不喜欢因为说"不"而带来的摩擦。二是物种进化的必然选择。英国苏赛克斯大学的研究员朱莉·柯达士研究发现,人们之所以很难拒绝别人,是因为对我们的祖先来说,跟别人保持一致,是一种生存的策略。

比如,到了一个新环境,不知道什么能吃,不知道什么事情能做,最好的方式就是跟周围人保持一致。这就是为什么后来我们有了"入乡随俗"这句话。人们在行为上愿意模仿他人,与周围的环境保持一致。同时,在群体中对于别人提出的要求,人们更倾向于给出肯定的答复,以免遭到排挤。

人们不想对别人说"不",实际上是在寻求认同感和群体的接受,这是一种本能的反应。而说"不"之所以难,就在于人们是在同自己的本能抗争。

帮人之前,学会过滤人性

你不能对所有人都说"是",也不能对所有人都说"不",那么面对别人的请求,你该扮演什么角色呢?沃顿商学院管理学教授、组织心理学家亚当·格兰特将一个组织里的成员分成了三类,一类是自私的"索取者",一类是讲求付出对等的"资源匹配者",还有一类是"给予者"。自私的"索取者"俗称"伸手党",是人人都厌弃的角色。所以,你可以选择扮演好后面的两个角色:资源匹配者或者给予者。

1. 资源匹配者

资源匹配者就是一切以等价交换为前提,你让我帮你可以,你拿什么来交换呢?《蝙蝠侠·黑暗骑士》中有一句话,特别适合资源匹配者——如果你擅长某件事,永远不要免费去做。资源匹配者认为不讲求回报的付出是低价值的付出,他们不吝于帮助别人,但前提是要有等价的回报。

2. 给予者

给予者有两种,一种是像胡颖舒那样的"无私型给予者",这种类型的给予者是组织中的老好人,往往会被人随意差遣和利用,导致利益受损,自身的工作也完成不好,很多时候还会成为别有用心之人的"背锅侠"。

另外一种是"自我保护型给予者",他们在帮人之前,会过滤人性。他们的给予行为往往会为自己积累好人缘,也会给组织带来贡献。

想做自我保护型给予者,就要识别出哪些人值得帮,哪些人该拒绝。这里,有两个参考条件。一是留心对方提出请求时是否设身处地为你着想;二是留心对方得到帮助后是否得寸进尺。

比如,胡颖舒一瘸一拐地在办公室忙碌,有些同事仍然一如既往地差遣她;莫言好心帮收发室顾某题字,他却得寸进尺提出让董某登门拜访。对于这样的人,必须果断拒绝。助人为乐是美德,但前提是要保全自身。

如何体面地拒绝别人

面对不喜欢的人和事,该如何拒绝呢?下面有三点建议:

1. 设定拒绝的标准

拒绝的标准就犹如"止损点",你只有清楚地设定自己的"止损点",才知道哪些事情该答应,哪些事情该拒绝。

比如,前年有个朋友问我借10万元,我知道他投资一个项目亏了不少钱。借给他,这笔钱可能收不回来,不借他又伤了和气。我最终借给他1万元,当时的想法是,他有钱就还我,万一还不上我也认倒霉。事实证明，拒绝他的 10 万元借款请求是多么明智！他欠债太多还不上，后来不知所踪。所以，事先设定好拒绝标准很重要，最怕你含糊其辞或半推半就答应了对方，最后弄得彼此都不愉快。

2. 不要把你的帮助看得太重要

哥伦比亚大学的管理学教授丹尼尔·阿莫斯说，大部分寻求帮助的人，其实并没有期待得到一个肯定的答复，所以他们并不会因为拒绝而产生太激烈的反应。我曾经写了一篇与高考报考填报志愿有关的文章，这篇文章在网上引发热议，我接到了几百名家长的私信。

他们问我，孩子考的这个分数和名次，可以报考什么学校？

我给一部分家长回复："可以参考文章中第三部分给出的志愿填报策略，具体到个人能报考什么学校，属于一对一高考志愿填报辅导范畴，网络上无法三言两语给出建议。由于精力有限，我今年也不再接收高考志愿辅导个案。"家长们对此都表示理解！

所以不要把你的帮助看得太重要。每个人的时间和精力都是有限的，你需要在自己和他人之间树立清晰的边界。

3. 主动提出替代方案

拒绝别人时，如果有替代方案，会是一个非常不错的选择。几年前，由于母亲身体不好，我想给她在省城买房子，接到身边照顾。可我手里的钱连首付都不够，就向一个朋友借。她很为难，虽然最终没有借钱给我，但是给我提出了一个替代方案：私人的小额贷款。

虽然利率不低,但是短期应急的话,总体成本也不高。

我采纳了她的建议,买了人生的第二套房子,后来我一直很感激她。有些拒绝,既彰显了态度,又保持了友善,大家也会乐意接受。

瑞·达利欧在《原则》一书中写道:"当你培养人际关系时,你的原则和别人的原则将决定你们如何互动。"

你拒绝了肤浅,就接纳了深沉;你拒绝了虚伪,就接纳了真诚;你拒绝了假、恶、丑,就接纳了真、善、美……你的拒绝力,是保护自己的底线,也是拒绝索取的门槛。它让你的善良长出利齿,这样你才不会被人随意消费。

Chapter 7
接受不完美：不完美才是真人生

7.1 你可以拥有一切,但不能同时

随着"90后"涌入职场,这批在互联网陪伴下长大的一代人正用他们独特的工作观影响着世界。"90后"是中国第一批真正意义上在小康社会出生的人,所以,很多人没有生存的问题。

相较于"80后"初入职场求职时更关注工资、福利,很多"90后"更关注行业的发展、企业的定位及自己能否获得更多的成长机会。用新精英生涯创始人古典老师的话来说,他们在择业时**越过收入看增速,越过赚钱赚本钱。**

我的一些"90后"来访者,在谈及对上班的感受时曾经有过这样的调侃:"上班就是在浪费时间与青春。当有一天,上班成为一件让你每天早上醒来都感到无比痛苦的事情时,你就该考虑换份工作了……"

我不是不想工作,我只是不想上班

1993年出生的小乔(化名)是我客户的女儿。她的父亲老乔是一家企业的高管,"60后",家境优渥。从小,老乔夫妇对小乔的教育就比较宽松自由。夫妻俩觉得,女孩子家,每天美美地,

开心、走正路、不学坏就好。

两年前，小乔从一所艺术院校毕业，之后在杭州的一家互联网公司做美工。这两年间，小乔换了好几份工作，跨行业、跨职能，各种尝试，但始终没有找到自己喜欢的工作。她觉得自己生性"散漫"，毫无大志，不太适合钩心斗角的职场。她不屑于与别人争，也不喜欢被别人恶意碾压。后来，她再一次辞职，并且不打算重新找工作，而是回到了老家。

女儿能回到老家生活，老乔夫妇很开心。老乔想利用手头的资源给女儿在老家安排工作，但是小乔对上班丝毫不感兴趣。乔太太觉得女孩子家年纪轻轻的不上班混日子，学坏了怎么办？赚不赚钱不要紧，总要有个营生嘛！

我和小乔谈起上班的事，没想到，她倒蛮看得开。小乔说："决定辞职回老家那天，我觉得特别轻松，巨大的情绪包袱放下，一种热情被点燃。相较于'群居'，我更喜欢'独处'。"她说："我的价值观是做个有用的、温暖的人就好，而不是强迫自己接受不喜欢的人和事，所以，这辈子不打算再上班了。"

小乔说自己从小就喜欢小动物，打算开一家宠物美容店。现在正学习宠物美容的手艺，也在留意门店出租出兑的信息，想等一切有些眉目再和父母商量。

我的另一位来访者亚明（化名）也是"90后"，出生于北方某省会城市的知识分子家庭。大学毕业后，亚明留在了北京工作，后来因为不喜欢朝九晚五上班的束缚，就辞职做了自由职业者，靠撰稿、摄影赚生活费。

自由职业的收入不稳定，在北京的开销大，亚明就回到了老家与父母一起居住。他每个月给父母交伙食费。他说，如果连吃饭都让父母拿钱，那不是啃老吗？自己的生活不能让父母买单。当然了，他也承认，与父母住在一起，省却了一大笔房租开销。

他现在把生活费压缩得很低，不买名牌，不经常外出就餐。他说控制住了欲望，更容易获得自由。稿费和做兼职摄影师的收入虽然不多，但他量入为出，维持基本的生活倒也够用。尽管比上班时收入少了很多，但他很享受目前这种自己掌控的生活。

他说无论是写作还是摄影，无非都是一门手艺，靠手艺吃饭，就要把活儿做精。所以他很自律，起早贪黑写稿子，琢磨摄影技术，希望经济收入上能有更大的提高，以后能够担负更多的家庭责任。

事实上，像小乔和亚明这样的年轻人越来越多。如今，"90后"对于上班有了更深刻的思考。他们经常会问自己："我为什么要上班？我在为谁上班？难道这样按部就班就是接下来我人生的全部真相吗？"

大前研一在《低欲望社会》中曾经形容日本新一代年轻人："穷充"（穷且充实）。"穷充一代"的想法是不必为金钱或者出人头地而工作，而是希望得到心灵上的富足。有人用"胸无大志，却有小梦"来形容穷充一代。说白了，他们无非是想按照自己的价值观生活而已。

马克思在《1844年经济学哲学手稿》中曾经提出过异化劳动

的概念。他认为,劳动(自由自觉的活动)是人类的本质,但在私有制条件下却发生了异化。其具体表现是:人的原子化;人同自己的类本质相异化,即人同自由自觉的活动及其创造的对象世界相异化;人同自己的劳动产品相异化;人同人相异化,因为当人同自己的劳动产品、自己的劳动活动及自己的类本质相对立的时候,也必然同他人相对立。

简单来说就是,人之所以不喜欢上班,是因为在上班中,我们的人性被抹去了,被异化成了机器上的零件,这给我们造成极大的不适。

"90 后"希望的工作状态,是怀着人性化的期盼,让工作成为生活中美好的一部分。这,才是他们眼中理想的工作。这也印证了不少"90 后"的集体发声:"我们不是不想工作,我们只是不想上班"。

上班和工作,是两码事

在"90 后"眼中,上班和工作是两码事。他们认为,上班是为别人做事,而工作是为自己。这个观点,两年前我在"圆桌派"的一期节目上也听到过。"圆桌派"有一期话题是"不想工作怎么破?"当时,几位嘉宾说:

"不是不想工作,是不想上班";

"周围很多年轻人,太讨厌上班,工作是喜欢的,可以更精确地讲是不喜欢在上班那种组织化的环境底下生活";

"而且是那种组织化的时间表"。

根据百度百科的解释，上班，是工业文明分工之后的产物，由于个人和家庭出现分工，就需要有相同工作任务的人在同一个地点工作，改变了农业文明时期以家庭和个人为独立劳动单位的格局。而工作的概念是劳动生产，是社会分工中每个劳动者体现社会价值和自我价值的角色定位。

上班带有一种勉强的、不情愿的色彩，单纯是为了谋生而必须要去做事。工作则带有积极的，能够体现自身价值和自我实现的色彩。就像小乔和亚明，他们虽然嚷嚷着不想上班，但是他们对于从事自己感兴趣的工作具有极大的内驱力。所以千万不要混淆了"上班"和"工作"的概念。

当然，不是所有人都像小乔和亚明这么幸运。小乔家境优渥，亚明家境小康，所以经济上的优势能够支撑他们做出更自由的选择。那么，对于多数家境普通甚至贫寒的年轻人来说，一句"不想上班"，其实背后饱含着很多心酸和无奈。

在那期圆桌派中，陈丹青说了一句特别中肯的话："现在一个假象是什么选择都在，而另一个逼到你面前的问题就是，你没有多少选择。"于是只好一边抱怨着"不想上班"，一边继续埋头干活。

对于上班的倦怠，在每一代人身上都有体现，谁也不喜欢被框进一个模子，长成一个标准的零件（当然，不排除有些人在模子里待久了就习惯了）。但是，在"90后"身上，这种对传统组织环境下的生活的厌倦，体现得特别明显。

因为在移动互联网时代，一部手机，就能让你毫无保留地观摩到世界上各个阶层的人的多样生活。我们看到了别人的精彩，看到了世界上还有一种生活叫"诗和远方"。所以，年轻人的工作价值观发生了很大的变化。他们开始更多地思考：在这个物质社会，我应该怎样工作，才能更贴近本心。

不想上班到底怎么办

不想上班有两种类型，一种是纯粹的不想上班，一种是不想朝九晚五的上班，或者说不想按照组织化的时间表上班。

1. 纯粹的不想上班

日剧《卖房子的女人》中有个桥段：一对老夫妇想卖掉自家的大房子，换套简陋的房子，好把多出来的钱留给他们的宅男儿子，以防自己过世后儿子没钱花会饿死。

老太太说："儿子大学毕业，年轻时也曾参加过工作，因为人际关系原因辞职了，之后就一直躲在家里。最开始尝试了许多手段想让他走出房门，现在已经完全放弃了。在长达20年里，他依靠电脑度日。"

"圆桌派"中，窦文涛也讲了一个类似的宅男。一个大学毕业的男青年，上班没几年辞去教师工作后回到了农村的家乡，整日蹲在家里不出门。很长时间没有见到他时，村民才发现，他已经饿死在家里。他连出去觅食都懒得动，活生生把自己饿死了。

这类纯粹不想工作的人，往往是由于在过去的工作或生活中经受了重大挫折，形成了严重的心理创伤，一般性心理治疗也很难康复。用陈丹青的话来说就是，"有些人天生就对这个世界不感兴趣，却无法选择地被生了下来。他们看了看这个世界，发现没什么可活的，于是选择了离开"。

所以，对于这一类纯粹不想工作的人，他们能活着就不错了。

2. 不想按照组织化的时间表上班

这类人有很多。比如，当年曾经以"世界那么大，我想去看看"的辞职理由而闻名的中学女教师顾少强及本文中的小乔、亚明等等。无论你是朝九晚五还是996，上班很难让人爱上的原因是，你把自己的时间卖给了组织。在这段时间内，你的时间你说了不算，你要按照组织的时间表来走。

大部分人过的都是这样的生活，原因很简单，不喜欢没用，还得养家糊口嘛！如果不想以这种方式度过余生，该怎么办呢？

1. 主副业联动

为什么不能脱离组织化的环境？还不是因为穷！这说明你的职业发展还没有脱离生存期，你总要看在钱的份儿上，忍受着自己不喜欢的事情。那么尽快实现财务独立是你这一时期的主要诉求。工资收入是有数的，开源节流做好财务收支就显得特别重要了。节流这件事，八仙过海各显神通。重要的是用副业开辟财源。

副业赚钱的方式很多，有些需要你有一技之长，比如工作之余

217

接点设计的活，还可以做撰稿人、摄影师、西点、沙画、英语课外辅导等等。有的不需要你有一技之长，比如做点小生意，只要你能吃得了苦。

2. 创业

如果你抗压能力很强，目标性很强，对财富和地位有着强烈的渴望，不喜欢在组织里受条条框框的束缚，那你也可以考虑去创业。但是有一点需要说明，创业是件极其艰苦的事，你可能要踩过无数次坑，才有可能会成功。想轻轻松松过日子的，趁早绕道。

3. 做个纯粹的手艺人

本文中小乔就希望自己将来做个宠物美容师，她觉得手艺人活得单纯而快乐。所以，如果你有什么独特的手艺或者能做到极致的爱好，这也会成为一种职业的可能性。如果你既没有一技之长，也不打算学点一技之长，更不打算吃苦，那么，安安心心拿着工资，未尝不是一种好的选择。

玛丽莲·梦露曾说："你可以拥有一切，但不能同时。"工作是一个不断剔除的过程，你得知道最重要的是什么。人们很少会做对的事情，只会做他们想做的事情。有时候，想做的事情也只是想想而已，不会去做。所以，多数人都在焦虑和懊悔中度过了平庸的一生。

我们都需要找到一种让工作和生活共融的方式，把工作调整成更好的样子或者起码做得下去的样子，然后你才能元气满满地面对每一天的生活，乃至一辈子的生活。

7.2 真正的高手，都懂得"最大可承受成本"的重要性

我一直在琢磨一个词：最大可承受成本。我发现无论是工作还是生活，如果你能搞清楚自己的最大可承受成本，就不会有那么多纠结，就有极大可能换来预期的进步和收获。

"最大可承受成本"其实很好理解，我们可以把人生中的任何一次选择都看作是一次项目投资，投资就要付出成本，那么你能承担的最大成本是多少？

经常有读者问我："工作遇到瓶颈，我该转行吗？""我该选择创业吗？"当然，这类问题也可以换做"我该继续读书还是选择就业？""我该留在职场还是选择做全职妈妈？"……

本质上，这些问题都是一样的，我的第一反应是：你的最大可承受成本是多少？每个人的风险偏好和风险承受能力不同，答案自然也就不同。

每逢重大抉择，来一次灵魂拷问

2015年，33周岁的薛鸿涛（化名）已经是某公司的大区销售总监，工资加上奖金平均算下来月入6万。这在北方某二线城市绝对属于高收入。所以，当他决定加盟一家初创公司，每月拿4800块生活补贴外加200块话费补贴时，家里人气得骂他是"精神病"。

那一年的6月，因为谈业务薛鸿涛认识了王承（化名）。此时的王承开了一家小广告公司，靠承接一些设计项目维持公司运转。公司虽然不大，但王承的梦想大，大得像一张悬在天上的馅饼。王承告诉薛鸿涛，他最崇拜的人是营销战略专家杰克·特劳特。他将致力于在快消行业推行特劳特的定位理念，为客户提供品牌定位咨询服务。

一开始，薛鸿涛觉得王承的牛皮吹得有点大。但当王承讲到自己公司在给快消品门店做设计时观察到客户的品牌定位需求，以及自己对文化溯源、品牌精髓、品牌理念的理解时，薛鸿涛才发现：王承是个人物！几次三番接触，薛鸿涛与王承惺惺相惜，创业的激情在薛鸿涛心中炸裂。

王承主动邀请薛鸿涛加入自己的团队，他说："多少钱，你开价，不过我现在还给不起！我只能给你每月四五千块的生活费，差额明年补齐，另外奉上一部分股权，算是咱兄弟俩合伙！"那时，我刚好在他们所在的城市做一个项目，薛鸿涛就跑来问我："如果你是我，会怎么选？"我说："我不是你，我的选择对于你而言没有任何参考价值。不过，你可以用最大可承受成本来评估一下。"

我问薛鸿涛："假设你和王承合伙创业失败，你还能找到和原来收入差不多的工作吗？"薛鸿涛说："这并不难！"

我又问："假设把这件事看作是一次项目投资，最大的风险是你损失掉的工资，一年半载三五十万成本，这个成本你能承受得了吗？"

薛鸿涛肯定地说："当然能！"

我最后问："那接下来你准备做出什么选择呢？"

薛鸿涛一拍脑门，恍然大悟："我知道了！"

2019年，是薛鸿涛和王承合伙创业的第四年，公司业务发展迅猛。他们之前为门店做的设计业务为品牌咨询项目做了前期铺垫，品牌咨询项目又带来了新的设计订单，二者相互促进，形成了一个闭环。现在，即使不算股份分红，薛鸿涛的年收入也早已突破百万。

后来，我把最大可承受成本的思路整理了一下，经常在生涯咨询时使用，启发来访者思考。那就是：当你要面对人生中一项重大抉择时，不妨大胆假设一下，如果这是一个投资项目，假设你彻底失败了，你能承受的最大成本是多少？这实际上是一个灵魂拷问，它能让你重新审视自己的风险承受能力。

学会拥抱风险是风险最小的事

厌恶风险是人类的天性，但纵观人类发展史，没有任何一项进步，是不需要承担风险的。学会拥抱和驾驭风险，这才是成功的捷径，是对人类自我发展的最好保护。为什么这么说呢？

1. 世界是一个复杂系统，难以预测

互联网的发展使人们的生活发生了前所未有的变化，世界变成一个更加复杂的系统。以生涯咨询为例，以前我们称之为职业规划，但现在我觉得"规划"二字已经很难准确地描述它的定义，一是没有谁能替别人规划人生；二是互联网的发展到底能给人类的生活带来多大的变化，是无法想象的。

十年前，我们没有微信、没有短视频，而今，围绕着内容创业产生了多少新岗位？所以我更倾向于用"咨询"两个字，针对来访者的个人成长、职业困惑给出专业化的建议，而不是为其制订好五年、十年的规划。你可以按部就班地走，但时代不会！那些影响人类发展的重大事件，从来都不是预测出来的。

2. 一件事情的影响力并非呈线性增长

所谓线性增长，通俗地讲就是等速增长。线性的增长模式是这样的：1、2、3、4、5……以此类推。而今天，很多事物的增长方式，呈现出非线性增长的趋势，甚至出现了指数级增长的趋势，迅速地裂变。

举个例子：如果你是抖音用户，你的粉丝不多，你每天都坚持发布某一领域的原创视频，一天稳定地涨几十、几百个粉丝，这就是线性增长；突然有一天，一个视频火了，一夜之间你涨了几万、十几万，甚至几百万粉丝，这就是非线性增长。这几年，非线性增

长的个案越来越多。得益于互联网对个人影响力的放大,一条视频、一篇爆文、一次热门事件,你可能一下子就火了。

我说这些,是想告诉你:过去,某些能从质的层面改变事物进程的事件发生的概率比较小,而今它的概率在不断增大。这一切,都指向四个字:不确定性。这就要求我们拥抱风险,敢于尝试。巴菲特说,投资的秘诀就是,用四毛钱买一块钱的东西,那你肯定能获得高回报。但前提是,你愿意拿出那四毛钱。这其实就是一个撒网捞鱼的投资游戏。

从商业回到个人,在这样的游戏中,一个重要的投资原则就是:你的最大可承受成本。你可以理解为:你用四毛钱买未来可能是一块钱的东西,这四毛钱可能会亏掉,但这个亏损是你能承受得起的。这样去探索,你才有成功的可能性。

怎样应对不可以预知的未来

回到薛鸿涛的案例中来,你会发现,他之所以能收获那样一个完美的结局,是因为他有选择的权利。假设你是一个上班族,月入1万,有房贷有车贷,有父母要赡养,你敢冒这个风险吗?未必,因为薪水的大幅降低,意味着你可能连家都养不了。

很多时候,不是我们不知道一件事情会给未来带来好的预期,而是我们真的没得选。那该怎么办呢?

扩大选择权限!

怎样才能扩大选择权限呢？分两步走：

1. 赛道优势

赛道优势就是找到一个细分赛道去深耕，直到你拥有优势。判断优势有两个标准：一是相对优势，如果有 100 个人做这件事，你能达到 80—90 分。这个分数超越了业内的很多人，这就是相对优势。二是绝对优势，如果有 100 个人做这件事，你能达到 90 分甚至以上，那就很有可能成为业内的头部，这就是绝对优势。你只有具备了赛道优势，才能进行接下来的一步：冠状跳跃。

2. 冠状跳跃

冠状跳跃是指你在一个赛道内领先，跳到其他赛道仍然可能领先。举个例子：在美洲雨林生活着一种猴子，叫卷尾猴。卷尾猴经常从一棵树冠跳到另一棵树冠，寻找食物或嬉耍，我把卷尾猴的跳跃动作叫作"冠状跳跃"。把这个词延伸到职场，意味着假设外界环境发生变化，需要你更换赛道，如果你原来就在赛道的头部，那么更换之后你仍然可能在头部。这实际上是一种优势的迁移。

所以，为什么很多时候你没有选择权？因为你没有赛道优势，无论怎么更换赛道，都是在树底下盘桓，无法在树冠之间跳跃。

机会偏爱有勇气的人，成功偏爱有底气的人。先打磨你的赛道优势，再等待冠状跳跃的契机！当面临选择时，如果最坏的结果你都能承受，那还犹豫什么？干，就完了！

7.3 努力要常态化

生活中，总有那么一些人在"表演努力"，而且演技一流。他们加班加点，忙碌异常，却没有任何结果。为什么一个人明明做事很用功，最后却没有多大进步？那是因为他的精力被"伪努力"严重消耗，最后只感动了自己，却没有取得什么成效。

别让"伪努力"摧毁你的职业生涯

十年前，那时我还在一家企业做人力资源部的负责人。年底发奖金，下属老洛是公司的老员工，她满心欢喜地以为自己能拿一个较高的奖金系数。但是最终，却只拿到一个屈居中等的系数。为这事，她愤愤不平，特意找我来申诉。

对此，我给了她明确的答复：奖金系数是按照年度综合绩效考核结果来评定的，你的考核得分不高，自然拿不到太高的系数。老洛愤愤不平："凭什么我的考核分数不高？难道我不够努力吗？"我问她："难道你的工作只有'努力'两个字吗？"

那次年终奖，拿了较高奖金系数的人，都是各部门的精兵骨干。有业务娴熟，在投标中超额完成目标任务的人；有技术精湛，在项目中做出重大技术革新的人；有人脉资源广，为公司资质升级做出重大贡献的人；有加班加点，无差错完成重大税务筹划的人。

反观老洛，虽然工作多年，但业务能力一般，经常出错。让她做工资，不是明细表出了差错，就是汇总表出了差错，审核她做的工资表，等于重新替她做一遍，让她跑社保公积金，不是忘了增员就是忘了减员……

她最大的优势就是资历老。她严格遵守劳动纪律，从来不迟到，我记忆中，她几乎没请过假。有段时间我们经常加班，老洛从来不提前走，也是跟着加班加点，貌似很努力。

但是，她除了有苦劳，真的没什么功劳。她加班并不是因为工作的增量，而是因为很多工作做不好，效率低。白天她还经常在各种QQ群里闲扯，所以手头的工作经常要拖到晚上才能做完。

由于一些特殊的原因，我不能辞退她。部门的其他同事也有所顾忌，虽然不为难她，但也没人待见她。所以，她能体体面面地拿到一个中等的奖金系数，但职位却始终是边缘化的，更别说提拔。

在职场，要拿成绩说话。不管你是哪路神仙家里的"坐骑"，没有结果的努力都是白费力气。老洛天天加班加点、早出晚归，殊不知，这是一种自欺欺人的表现，因为有很多付出看似是在努力，可其实只是伪努力。

并不是每天忙忙碌碌就叫作努力,并不是辛苦就能获得想要的东西。

伪努力者习惯于做事,努力者习惯于把事做好,这才是两者最大的差别。

不要用战术上的勤奋掩盖战略上的懒惰

我的来访者陈思铭(化名)大学毕业后一直在一家不错的企业做技术工作。随着时间的推移,陈思铭开始越发焦虑,由于一直没有晋升到管理岗位,他总感觉自己没有形成强劲的竞争力。时不时地担心自己在巨大的时代变迁中被淘汰掉。

去年,陈思铭的同学老夏从日本回国,撺掇他合伙开个居酒屋。陈思铭按捺不住激动的心情,他拿出多年积蓄,再加上父母支援的一部分资金入了股。老夏负责后厨和采购,陈思铭负责前厅和运营。不出半年,亏得一塌糊涂,完败!陈思铭很受挫,不知道下一步是继续做生意还是找份工作赶紧上班。

我去他的居酒屋看过,虽然我不是餐饮业的行家,但也看出了两个特别明显的问题:一个是地段太偏,店面位于一个新社区的底商,周围没有成熟的综合商业区;二是定位不对路,社区的餐馆通常规模都不大,以大众家常菜为主,便宜快捷。居酒屋是舶来品,日式菜系,价格普遍偏贵,不符合社区餐饮的定位。

要说勤奋,陈思铭和老夏都不是懒人,每天起早贪黑,绞尽脑汁想办法做营销宣传。他们甚至还亲自到社区里发过宣传单小广告。但这些都是战术上的勤奋，在职业选择上，陈思铭回避了真正有价值的部分——什么才是高价值的选择。所以，说到底，他就是一个"懒惰的勤奋人"，不会有效努力，找不着努力的目标和路径。

我给陈思铭做了职业测评和能力评估，帮他澄清自己的内在特质及能力分布情况。他有九年的技术工作经验，纵向可以谋求更高的职位，横向可以精进自己的专业水平，向内可以选择本企业的其他岗位，向外可以选择本行业的其他企业。选择多着呢，为什么非要掐断自己以前所有的经验、资源，从零开始呢？最后还把零做成了负数。

人生最大的悲伤，莫过于将一辈子的聪明，耗费在没有深度思考的战术上。你低头拼命拉车，抬头一看却发现方向错了。所以，想清楚自己的目标是什么，怎样做才能高效地达成，有目的的投入才能获得满意的产出。

努力的本质，应该是常态化

有句话叫"日拱一卒，功不唐捐"，意思是每天像卒子一样前进一点点，努力就不会白费。事实上，这是绝大多数高手的战略，他们并没有比普通人聪明太多，关键在于他们的努力具有稳定性与可持续性。

我有个同事老赵，十年前我做人力资源部经理时，他是市场部经理。那时正好赶上国家为了进一步扩大内需，促进经济增长而出台了十项措施（民间称"四万亿计划"）。

其中有几条都与基础建设有关，这样，我们公司就迎来了发展的大好契机。市场部工作量陡然增加，忙投标忙得昏天暗地。老赵经常整夜整夜地守在办公室。

有一次，和他一起参加同事的婚礼，聊起工作，他居然没有一点抱怨，也没有诉说这样的日子有多难熬。他只是申请配一个专职司机，因为总熬夜，有时候开车会走神。离开公司后，我们联系不多，但一直有他的消息。前些年，他升职做了集团旗下最核心的一家分公司的董事长，员工800多人，那年，他35岁。

老赵事业有成，他有一个非常明显的特质：努力常态化。

这个特质，我在许多牛人身上都能看到：在飞机上、高铁上见缝插针改稿子、办公的刘润老师和吴晓波老师；凌晨3点还在剪辑音频的自媒体人粥左罗老师……

他们不会觉得自己的努力有多么令人感动，多么了不起，他们觉得这就是很普通的一件事，就像吃饭喝水一样。普通人总会被自己的努力感动，然后默默给自己贴上"我是上进好青年"的标签。

但这些常人眼中的努力，不过是牛人眼中不值一提的普通的一天。你是间歇性歇斯底里，人家是持续性发奋图强，这才是本质上的差距。

努力，只是表象，它保证不了你能成功，它只是成功的标配。在努力前面，你需要加上持续和稳定。每个人从出生那一刻起就是一块璞玉，我们都有机会拥有闪闪发光的人生，但前提是，你能不能用坚如磐石的耐心，日复一日、年复一年不断地打磨自己。

7.4 为什么能力比你差的人,挣得却比你多

2009年冬天,我带队去陕西某985高校招聘,有个女生给我的印象特别深刻。她应聘的职位是集团旗下一个分支机构的实验员,还有几个同学应聘的是集团某事业部的技术员。当时技术员这个岗位,我们还会给予15万元的安家费,待遇十分优厚。

首轮面试结束后,那个女生给我打电话,提出希望能拿到和技术员岗位一样的安家费,并列举了自己在校期间的一系列成绩。她表示,自己是学生会干部,年年拿奖学金,面试结束后和几个同学聊天,发现那几个成绩不如她的同学,竟然可能有机会拿到15万的安家费,她觉得特别不可思议。

她问我,假设他们一同被公司聘用,是不是意味着那几个同学的收入比她高?我肯定地答复了她。她问:"为什么能力比我差的人,收入反倒比我高呢?"这其实是职场的一个重要的话题:你的工资由什么决定?

是什么决定了你工资的上限

在做生涯咨询的时候,我有时会问来访者:"你认为你的工资是由什么决定的?"

"由我的能力决定的,有能力的人才能拿到高薪。"

"也对,但不完全对。"

"由老板决定的,老板说给多少就给多少。"

"有一定道理,但不是实质性原因。"

"由职级决定的,当领导的肯定比普通员工挣得多。"

"一般情况下是这样的,但不绝对。"

那工资到底是由什么决定的呢?

对于大多数职场人而言,提高能力、升职加薪,这是很多人都会想到的,但实际上,你的工资并不完全由个人能力决定。生涯教育专家古典老师曾经提出,一个人的工资是由"职能价值"和"供求关系"共同决定的。举个例子:

我是东北人,东北人一旦体验过海南的温暖,似乎便再也没法忍受东北的严寒。所以这些年,不少亲戚朋友纷纷在海南置业。有些亲友在三亚市区买了房子,有些在海口市区及周边,比如琼海买房。同样的户型,同样的质量,三亚市区的房子要比琼海的贵得多。

这很容易理解,房子最讲究的是地段,三亚的房子除了冬天用来度假居住外,还兼具投资的功能。但琼海的房子,特别是琼海一些偏远地区的房子,只有度假居住的价值,基本谈不上投资。所以,同样的户型，同样的大小，地段越好的房子越值钱，因为它们参与的价值链条决定了它们的价格。

职业也是一样的。你在公司价值链条中创造的职能价值，决定了你的工资上限，你的不可替代性，决定了你的工资和上限之间的关系。

就像我在本文开头说到的那个女同学，也许她的学习成绩的确比其他几个同学强，也许她的能力也比其他几个同学强，但是她应聘的实验员岗位，职能价值没有技术员岗位高，所以，她的待遇就没有技术员高。

作为刚毕业的学生，她的岗位可替代性强，所以在工资与上限之间，她肯定拿的是较低的水平。由于她的专业又限制了她不能应聘技术员岗位，所以，最终她的收入与能力并不完全对应。

高收入，不仅意味着你要有高价值的产出，同时还需要你的岗位具有一定的稀缺性。稀缺意味着不可替代性。注意，这里说的不可替代，不是绝对的不能替代，而是说，替代你的成本比较高。

先上场找到位置，再找更好的价值增长点

互联网转型专家刘润老师在 2006 年时，曾凭借一篇《出租车司机给微软员工上的 MBA 课》的帖子在整个 IT 圈和管理界红极一时。

那年，还在微软任职的刘润老师搭乘一辆出租车从徐家汇赶去机场。一路上，出租车司机饶有兴致地给刘润讲述了他靠开出租车

每个月挣 8000 元的生意经,把刘润彻底震撼住了。要知道,当时出租车司机一个月的收入普遍在三四千元。

出租车上的这番对话,被刘润写成了博文并迅速红遍网络。人们没有想到,看似简单的出租车服务,竟然还有这么多学问。这篇博文,证明了刘润的商业思维能力。假如当时刘润开个班,教学员商业管理这门课程效果能怎么样?我想,课程肯定不错,但是这种一对一、点对点的 C 端授课,周期太长,价值反馈不高。

刘润老师后来给企业做咨询,担任多家知名企业的战略顾问,帮助传统企业完成互联网转型。他在"得到"APP 上主理的《刘润 5 分钟商学院》,影响深远。他利用互联网放大个人影响力,进入了一个更好的价值链条。

所以,这些经验,你完全可以借鉴:先证明自己在某一方面的能力,然后上场找到位置,接着提升能力,再寻找更好的价值增长点。

怎样进入高价值职业赛道

能否进入高价值职业赛道,考验的是一个人的能力和面对选择时的眼光。选择比努力更重要。人生中,那些看似不经意的选择,往往决定着我们职业发展的成败和收入水平的高低。这里,有四大选择是我们不能忽略的:

1. 地域的选择

工资的地域差异很大,这是普遍的共识。同样是新媒体编辑,北京的工资和长春的工资就不能同日而语。一般来说，选择一个地域，代表了一个人对生活的定义。有些人喜欢大城市的活力与机遇，有些人喜欢小城市的舒适与静谧。

在地域的定位和选择当中，我们要根据自己的性格特点，包括价值观来做取舍。如果你想要轰轰烈烈的人生，激情满满有很大的梦想要去实现，那么一线城市可能是适合你成长的地方。

如果你想要安安稳稳、平平淡淡的人生，那么一些二三四线城市或者是你的老家，都是不错的选择。在选择地域的时候，还要考虑另外一个因素，那就是这个地方与你未来的职业的匹配性。比如，在我们国家，有些地方已经形成了优势的产业集群，例如长三角、珠三角，制造业比较集中；如果你想在互联网行业发展，北京可能是很好的选择；如果你想在现代金融服务业发展，上海、深圳可能是很好的选择。

所以，考虑地域的时候一方面要考虑你最终的生活期待是什么，还要考虑你对于压力和挑战的承受程度如何，更要考虑区域中是否有足够的产业优势与你的职业方向相匹配。

2．行业的选择

行业，基本锚定了一个人工资水平的上限。同一个职位，不同行业之间工资差距很大。比如，十年前我还在一家建筑施工企业集团做人力资源，那时我的年终奖金是 8 万块，而我的一个在制造业做人力资源的同学，除了每月 3000 多块的薪水，再无其他现金奖励。

那几年，政府大力扶持基础设施建设，所以，我的收入除了与个人能力有关外，还是行业红利的直接反应。用今天一句时髦的话来说就是"站在风口上，猪都能飞"。所以，对于个人来说，在职业选择时，首先要考虑行业因素，要选择那些高成长性的行业，才可能极大地分享行业的红利，搭上快速发展的顺风车。

当然，行业的趋势不是一成不变的，尽量选择那些未来十年处于高速增长的行业。如果看不到那么远，三到五年也是可以的。

3. 企业的选择

一个行业中大大小小的企业有很多，那么如何在众多的企业中选择一个适合自己的呢？这里，有两个参考指标。一是企业的所有制形式，二是企业所处的发展阶段。

企业的所有制形式主要有央企、国企、民企、外资企业、合资企业等等。不同所有制形式的企业的管理体制、文化风格、成长空间都有着很大的不同。

央企和国企往往集中了行业内的大量资源，但从个人成长上来讲，比较按部就班；外企的管理和培养体制比较规范，但往往容易把人培养成一个标准机器上的螺丝钉；民企的挑战性和发展空间都不错，但往往管理不太规范。所以，选择哪种类型的企业，取决于你的价值观，即你认为什么东西对于当下的你来说最重要。

企业的发展阶段主要包括初创期（也叫创业期）、成长期、成熟期、衰退期。初创期意味着高风险高收益。比如，你很幸运地进入到一家互联网初创企业，后来它成功上市了，算算手上的期权，你一下子从一穷二白到身价千万。当然，也有另外一种可能。你很不幸地进入到一家互联网初创企业，苦苦打拼两年，后来，它死掉了，你失业了。所以，初创企业，意味着"不成功便成仁"，风险极大。

度过了初创期，意味着企业已经能够扎根生存下来了，这时很多企业进入了快速成长期。成长意味着蜕变，处于成长期的企业会经历很多变革，这里就有很多机会，所以，如果你想有更多建树的话，成长期的企业是蛮适合的。

经过快速成长，企业开始进入相对稳定的成熟期。这一时期，企业的发展速度开始慢下来，维持一种非常稳定的状态。所以，如果你希望工作稳稳当当、福利保障还不错的话，成熟期的企业蛮适合的。当然，这种稳定意味着它缺乏变化和挑战性。

企业发展到最后不可避免地进入由盛到衰的衰退期。有些企业在衰退期中死亡，有些企业通过变革获得重生。所以，如果一家企业已经明显处于衰退期，并且没有变革的迹象，这是我们在职业选择时应该避开的深坑。

4. 岗位的选择

岗位很重要，在不同的企业里，都存在着一些关键性岗位。这些岗位直接关系到企业的战略优势，我们称之为"核心岗位"，处于这些岗位的员工工资普遍偏高。

很多人都能够识别出企业的核心岗位，所以在求职时总是有

"一步到位"的想法：非某某职位，我不做。核心岗位对人的要求往往是"双高的"：高能力、高绩效，所以并不是所有人一开始就能够坐到这样的岗位上去。

因此，在职业选择中，我们未必要"一步到位"，也未必要跳槽或者转行。可以先瞄准一个高价值区域，然后从边缘部分开始，慢慢挤进公司的核心区域，这是一个非常稳妥的选择。

如果你一直在纠结那个能力比你低的同事，工资却比你高，那么接下来你要做的不是羡慕嫉妒恨，也不是找领导摊牌抱怨，而是站在一个全新的角度，重新定义影响工资高低的重要因素，并让自己至少具备其中的一到两条：

- 高速增长的行业；
- 有产业优势的地域；
- 与职业价值观匹配的企业发展阶段；
- 高价值岗位；
- 不可替代性（替代你的成本很高）。

这样你才能获得不错的工资收入。如果目前你还不占据以上任一一条，也没有关系，种一棵树最好的时间是十年前，其次是现在。

7.5 试错是最聪明的笨办法

随着科技的发展、社会的进步,人们的选择越来越多,但需要解决的问题也越来越复杂。在快速发展变化的年代,无论是好的生活还是坏的生活,人们一旦适应了,就不太愿意去改变。

因此,历来重大的职业身份转换受到的阻力都很大。

在快速变化的时代,决策的速度反而变慢了

吴蓓蓓(化名)毕业后,拖着个行李箱来到北京打拼,每天工作忙得焦头烂额,因为穷,颠沛流离总是搬家。她极少休息,偶尔几个在京好友聚会,问她最近怎么样,她都会用无比疲惫的声音说:"工作、跳槽、搬家。"

有段时间她情绪极度低落,我告诉她"多读书多看报,累了你就睡觉觉",说完我就后悔了。我忘了,她一直做助理的工作,领导所有的文稿、PPT 都出自她手,她的大部分工作除了写稿子、做 PPT,就是搜罗材料、看书。

她说读高中时自己最喜欢的就是写作文,现在把写作文变成一项工作,自己反倒"发怵"了。为了写好文章、做好PPT,她需要大量阅读,现在她盯着一本书超过十分钟就犯困。晚上睡觉也不踏实,梦里全是工作的场景。

我那时经常劝她:"不行就换个工作。"

她说:"自己选的路,不能太任性。"多年后,她告诉我,不坚持不行,因为本来也没有更多的选择。那些年,她吃了不少苦,却从没有和家人提及。跳了几次槽,后来她成了一家外资企业的中层。再后来有了孩子,她想转换职业发展轨道,希望能够自己掌控时间,而不被组织的时间束缚。

她盘点了一下自己能做的事情后却发现:以前没得选时,做决策是迅速的,现在选择太多了,反倒不知如何决策了。她不希望自己的人生是个固定的剧本,她希望可以尝试不同的角色,但又不希望添加新的变数。于是,在前思后想、不停比对中,她始终不知道该迈出哪一条腿。

很多人都有过类似的经历:想做的工作不敢尝试,想学东西又怕没时间,于是每天都在纠结中重复,浪费激情与理想,最终变得焦虑、烦躁。

米兰·昆德拉在《生命中不能承受之轻》一书中说:"人永远都无法知道自己该要什么,因为人只能活一次,既不能拿它跟前世相比,也不能在来生加以修正。没有任何方法可以检验哪种抉择是好的，因为不存在任何比较。一切都是马上经历，仅此一次，不能准备。"

吴蓓蓓想要的，并不是一场不同角色混演的大戏，她只是希望有这样一份工作，能够让她的人生角色在工作和家庭中获得认可。事实上，在这个复杂多变的时代，你会发现，无论多么牛的人，都会有自己的思维局限。有局限的时候，不是要通过反复权衡才能做出正确的选择，而是要通过"试错"，来突破思维和视角的局限。

每一次尝试的失败，都能优化下一步的选择

北京，是一个希望与失望共存、压力与张力共生的城市。无论是为了生存还是为了更好的生活，这个城市都给了那些勇于尝试和奋斗的人们更多的机会。吴蓓蓓决定尝试一把，把那些自己想做的、能做的工作方向罗列出来，然后用业余时间通过学习、兼职、访谈等方式来收集自己的职业体验。

她尝试过陶艺、插花、烘焙、撰稿等多个方向。她清楚地记得，当她在烘焙房闻着点心香甜的味道，揉着面团时，那种感觉有多么美好。但是当师傅告诉她，希望她能学会这门技术，成为一个手艺人时，她却发现，这并不是自己想要的。她只是喜欢点心香甜的味道，希望能分享给家人，仅此而已。幸运的是，吴蓓蓓在试错的过程中，不断地优化下一步的识别过程。

30岁那年，她终于走上了内容创业的道路。因为并无员工，她

一个人扛所有的事儿,她更愿意称自己为"自由职业者"。正式办理辞职手续的前一天,吴蓓蓓激动得彻夜难眠。

在北京这个超级大城市里,无数蝼蚁般的小人物,他们都曾有过辛酸、有过绝望。但幸运的是,总有些人找对了路,从失望走向希望,在绝地中反弹,这就是北京最有魅力的地方。

在复杂的世界里,对于重新做出职业选择这件事,试错是最聪明的笨办法。这种看似极为笨拙的办法,其实是一种最清晰的职业识别策略。因为每一次尝试的失败,都能优化下一步的选择,而成功就是靠着这样一步一步迭代优化来获得的。

试错有风险,行动需技巧

我们说"试错"是聪明的笨办法,但有些人的试错,只剩下笨办法,却少了"聪明"二字。我有个熟人,特别喜欢尝试新事物。早年间他做农资生意,后来发现有朋友做旅行社赚了钱,就赶紧开了一家旅行社。

再后来又看到早前做农资生意的穷哥们都赚到了钱,他慌忙把之前的生意重新捡起来。之后赶上了某省农垦系统政策调整,生意不太好做,他又丢下农资生意开辟了境外旅行线路。

去年,他发现年轻人都爱玩抖音,就拉了几个人,开始玩短视频。别人干什么,他就跟风干什么,跟着跟着,把自己跟丢了。每个人的人生都是一条弯路,都需要不停地试错,但试错是有策略的。

怎样才能把控试错中的风险，实现高效试错呢？

美国著名经济学家蒂姆·哈福德曾经提出了试错的三个重要方法：稳妥的小碎步、冒险的大跨步和安全的松耦合。

1. 稳妥的小碎步

在职业选择中，我们经常会遇到这样的情况：有好多个职业方向，但是你不能确定哪个选项是最佳的方案。这时候，最有效的方法是去试验自己的想法，在试验的过程中不断剔除不合适的选项。

如果你不能一下子找出最优的选项，那么这种看似笨拙的排除法，其实是最聪明最有效的。吴蓓蓓采用的就是这种方法。她原本以为自己对烘焙很感兴趣，可是当她把这当作一个职业方向探索时却发现，自己仅仅喜欢享受烘焙成果，并不喜欢这个职业。

通过这种试验、失败、改进、再试验的循环，吴蓓蓓把不合适自己的枝枝杈杈都剪掉了，最终实现了职业转型。职业选择时，涉及的外部因素特别多，有时候很多干扰因素纠缠在一起，如果不通过试验很难找到解决问题的根本方案。

蒂姆·哈福德认为，这个时候，采用经过设计的试验就是最好的办法。因为每一次试验，都能让我们剔除干扰因素，一步步靠近成功。

2. 冒险的大跨步

在职业选择中，还有一种情况比较普遍，那就是已经存在的职业机会或已经想到的方法，都不能解决你所面临的问题，这个时候，该怎样通过"试错"获得突破呢？

这就是试错的第二方法：冒险的大跨步。

2010年年底，我瞒着父母辞职出来，准备创业。在外人看来，我的工作还不错，职场七年，收入高，很体面。作为集团的改革派，我主管的人力资源部与市场部、财务部被同事们戏称为"三巨头"，是集团名副其实的实权派。

我在职的时候，经常会接到猎头公司的电话，遇到不少看似不错的职业机会，但我觉得那些都不是我想要的。从职场小白到管理层，薪水和职位步步高升，但幸福感的体验却并不强烈。有人说，幸福＝价值感＋掌控感＋满足感，我很认同这个说法。我觉得依附于平台，掌控感的缺失是影响我对幸福感体验的重要因素。我拒绝了外面的机会，一头扎进了创业的大潮中。

相较于以往，我从基层职位晋升到管理层，从小公司挪到大集团，这次投身创业的转变对于我来说就是一次"冒险的大跨步"。这种冒险，能够让事情获得突破性的进展。

所以，在职业选择时，当你有非常明确的方向时，要敢于孤注一掷，敢于为自己的选择承担风险。高风险才能带来高收益，只要你能担得起，这些转变都值得尝试。

3．安全的松耦合

对于有些人来说，在职业选择的过程中，牵一发而动全身，一着不慎满盘皆输。比如，我有些来访者是公务员，他们如果辞职离开体制内,那就意味着没有了回头的机会。很多基层公务员并没有太深厚的职业技能积累和经济积累,这就意味着,如果离开体制内去"玩大冒险",一旦输了,就会对自己的人生和家庭生活带来巨大的负面影响。所以,试错还有第三个重要的方法,那就是:降低系统的耦合程度,把紧耦合变成松耦合,为失败留出空间。

蒂姆·哈福德用"耦合"指代组织、系统、环境当中各个模块之间相互关联、相互影响的紧密程度。有些人生选择,对失败的容错率非常低,一个局部的小失误,可能导致全局的大溃败。所以,如果你处于这样的系统或者环境中,你必须想办法来降低系统的耦合程度。

以多米诺骨牌为例。多米诺骨牌赛事经常发生意外。一次,一位来拍摄多米诺骨牌赛事的摄影师不小心掉了一支笔,恰巧砸倒了一块骨牌,结果把整个活动搞砸了。为了避免意外事故对竞赛的影响,如今的多米诺骨牌竞赛,采取了安全隔离措施。人们把搭建好的骨牌隔离成若干个区域加以保护,直到表演的最后一刻才把每个区域的安全设置一一撤走。

这就是人为地把"紧耦合系统"变成"松耦合系统",降低局部失败对整体的影响,不至于让全局无法挽回。对于职业选择来说,建构"松耦合系统"的方法很多,它可能是你职业技能的提升,可能是你经济基础的积累,抑或是你社会资源的延伸等等。

总之,如果你处在紧耦合的系统中,请仔细盘点自己的资源,为试错创建安全区，在这个基础上大胆地前行。

　　生活是一条河，谁不是摸着石头过河呢！年轻的意义在于感受和创造这个多彩的世界，而非故步自封，因循守旧。毕竟生活中唯一不变的就是变化，而我们唯一能做的就是在不确定中，对未来充满希望，一步一个脚印前行。